法式烘焙
時尚甜點

經典VS.主廚的獨家更好吃配方

郭建昌Enzo著

dessert de bonheur

朱雀文化

推薦序

Oui! Chef!

西點源自於歐洲的宮廷文化，由麵粉、雞蛋、奶油這三種基本原料的搭配，歷經數百年演進，創造出無數繽紛炫目、口感出奇的點心，豐富了大眾對於味覺享受的追求，就連我們國人年節時瘋狂搶購的牛軋糖，實際上也是源於法國南部，以蛋清、鮮奶、砂糖、麥芽與當地果乾製作的小點心”Nougatine”，只不過我們以奶粉取代了鮮奶，減少砂糖比例，加強麥芽量以增加嚼勁。

近年來國內有越來越多人投入西點工作的領域，西點文化也隨著咖啡的風行而日益普及。但在熱鬧的外表下，也常發現一些掛著經典西點的名號、卻缺乏真正應該具備的食材或是製作手法的西點，顯示出國內對西點文化的認識還有很大的進步空間。以大家耳熟能詳的提拉米蘇為例，如果不以新鮮、未經發酵的馬司卡邦鮮酪為夾層主材料，以及加入咖啡與甜酒提味、表面再篩撒上厚薄適中的可可粉，入口後總是無法體會那食材融合後應有的香甜幸福感，更不要說興起義大利文中原意：「帶我走吧！」的衝動了。

郭建昌主廚於1998年進入上城糕餅小舖工作至今，初期他與主廚吳宗恩一同從事西點的研發與製作，二位年輕人埋首奮力工作之餘，還不時參考國外書籍，在當時國內可說是精緻歐式西點文化的萌芽階段，他們陸續推出了一系列膾炙人口的西式經典糕點，也為上城糕餅小舖奠定下日後發展的基石。時光飛逝，一眨眼十數年過去了，這中間吳宗恩主廚離去自創亞尼克烘焙房，而郭建昌在擔任主廚一職數年後，有感於對法國飲食文化與生活欠缺實地的實驗，在參加了台灣師範大學法文進修班一年多的課程後，毅然背起行囊遠赴法國實習。在將近兩年的時間裡，他先後在中部的大城里昂、西北部諾曼第省的布列塔尼鄉村、南部與西班牙交界處的旅遊城市蒙布里耶，以及巴黎四個店家工作，親身體驗法國的生活點滴與人文風俗，並透過與法國師傅及消費者的直接互動，加深對法國糕點及法國文化的了解。

這一段經歷凸顯了郭建昌主廚務實又極具理想主義與冒險精神的個性。他選擇長時間在異鄉的不同地方工作，而不以獲得一個短期西點課程證照為滿足，我推敲是因為他明瞭在西點的領域裡，他早已具備了應有的大部分技術，早在2000至2003年間，他就陸續取得了台灣的乙級西點麵包證照及大陸甲級烘焙證照（台灣只有丙級及乙級證照考試）。除了將已擁有的西點技巧再次融會貫通外，他更要領略到法國人從事西點技術的認真工作態度，以及蘊含在西點內的歐陸飲食文化，這非得靠自身融入當地的工作與生活不可，在他的四個工作經歷中，三個與西點相關，而在布列塔尼鄉村的工作則是麵包烘焙，每天清晨三、四點，他即與老闆兼主廚開始一同製作傳統的歐式鄉村麵包，午後則與老闆娘開著貨車，載著一袋袋新鮮出爐的麵包繞行整個村莊，像郵差一般挨家挨戶地將麵包擺在每個人家的門邊….，由此看來，這兩年的法國經歷對他而言是異常深刻的，而我有時也在想：這樣務實又兼具理想主義與冒險精神的個性，不正就是一位成功的西點師傅應該具備的人格特質嗎？

郭建昌主廚返國已將近三年，現在他將西方近三十種經典糕點附上典故、製作方式，加上傳統配方與他自己的改良配方集結成書出版，相信對於提昇國內正確的西點文化觀，必定有所助益。

上城糕餅小舖總經理 洪泉平

推薦序

值得收藏的好食譜

2000年6月我在東京製菓學校的短期研修課程中，有緣與阿昌成為同班同學，進而變成合作教學的工作伙伴。算起來認識阿昌師傅至今已近10年，這10年間和他的互動，除了教學相長、了解工作以外的不同需求，我們更經常結伴出國觀摩，參加競賽，希望不斷提昇在烘焙專業領域的成就。他曾經毅然放棄既有的工作資歷，遠赴法國進修，那段期間他除了親身體驗與學習法國烘焙技術外，也同時進修法語，並對當地的烘焙文化、經營理念，都有了更深層的體認。他這種不懈怠不停息的精神實在讓人感佩，是個值得誇許的好青年。

此外，阿昌師傅在飛訊授課期間，教學認真，擅長用深入淺出的方式指導學生，做出來的糕點成品不只是美味可口，外觀更是難得佳作，所以只要是他講授的課，我一定不會缺席，深怕錯失任何一個小細節。在我的烘焙生涯中，阿昌師傅可說是亦師亦友，從他那裡我受益良多，只能說：有阿昌師傅真好！

由於阿昌師傅擁有精湛的技術，因此在一個偶然的機緣下，我將他推薦給朱雀文化，希望能將他的美味經典秘訣，介紹給更多喜愛西點烘焙的讀者一起分享；並且將老師的作品，以圖文並茂的方式完全呈現，讓對於西點有興趣的人，只要看書就如同老師親授課程指導，快速獲得真傳。這本食譜攝影精緻、編排優美，清楚呈現製作過程，且忠實呈現了阿昌師傅的個人烘焙理念、經驗與技術，絕對值得讀者收藏。

飛訊烘焙材料公司負責人
飛訊烘焙DIY教室講師

推薦序

美好的味覺探索之旅

和阿昌師傅的相識，是在八年前的一場專業Demonstration Séminaire研討會，當時我擔任引薦法國得獎廚師（M.O.F）到台灣來的工作，站在台上翻譯時，注意到一雙求知若渴的眼神，專注著我說的每一句話。會後，阿昌上前來找我，表示他想到法國進修，希望可以進一步聊聊這方面的事。

說實在的，我當時雖說好，可以談談，但是卻沒有放在心上：因為我了解，以已在職場的廚師而言，要放下一切出國進修，除了經費以外，還有工作等其他因素需要考量，變數太大，實在很難成行。況且，我已經聽到很多廚師有這樣的心聲，但是付諸行動者卻寥寥無幾。

就在2004年的某一個下午，阿昌打電話來了，講習會的阿昌？那個點心廚師？我心想：這小子可是要認真的幹下去了！於是，我協助安排了語言學校與廚藝學校，讓他展開為期兩年的法國廚藝進修旅程。

很多人問他為什麼可以放下手邊的成就，不顧一切朝夢想前進？阿昌說：「是味道。」我想這個味道是來自視覺、嗅覺、聽覺與味覺，西點與麵包的味道、烘焙的味道。「夢想的源頭在那裡」，他說在台灣看了這麼多的食材，做過上萬個法式點心，卻沒有實際到過法國，沒有真正的在當地親手擀製點心，沒法walking like a French man，所以一定要親身去體會。這樣的精神，也讓阿昌任職公司的老闆洪總十分賞識，還支持阿昌回國後繼續在原公司續任工作。

很高興也很榮幸能為這本書寫序推薦，這本食譜集結阿昌師傅多年的烘焙經驗與心得，相當值得讀者隨書動手製作。希望阿昌師傅以此書為開端，帶給大家更多更美好的味覺探索。

法國烘焙美食大使
法國美食企業精神貢獻獎得主
柯瑞玲

Rueling KO

自序
幸福甜點的源頭

為了追求甜點的源頭，法國，這個夢寐以求的國家，總是在我腦海內浮現，憑著一股追夢的情懷，我認為無論如何走下去就對了，終於來了 ，這一待就是二年。

美麗櫥窗的背後，總是經過百年的洗鍊，最原始的美可是來自幸福的那一剎那，百年流傳下來的配方，經過多少大師不斷地慧心改良，加上要將那股幸福給予人們的迫切感，我的內心一直呼喚——阿昌！來寫一些這方面的故事吧，因此有了這本書的誕生。

西方的飲食文化著重食物原味，加上靈巧層次的組合及味蕾上的變化，還有一種莫名的感動——從一開始營造的氛圍、觸動味蕾的前菜、主角的上場到甜點的收尾等，都是一場場美麗的盛宴。

如何為一場盛宴做最完美的ending，這就是甜點該扮演的角色。進入味蕾的那一剎那，甜點無端端地勾起人們幸福的滋味，就像王子輕吻沉睡中的公主，從此幸福無比。縱使在平常的日子，當在品嘗各式甜點的同時，享受著除了她的風味外，同時也能細細回味著她的誕生，讓幸福圍繞在你的身邊，也感染週遭的朋友。

正如每一位風雲人物的身後都有一段精彩的故事一樣，大家耳熟能詳的甜點的背後，當然也有它魅力又炫麗的事蹟，十五世紀所流傳至今的千層派Mille-feuille、十七世紀的瑪德蓮蛋糕Madeleine、十八世紀至今的各式塔類等、及十八世紀末風光至今的時尚甜點 Macaron……，每一道甜點都散發出自己獨特的風味。

每一道甜點對我來說就像是剛出生的Baby一樣，必須細心的呵護，從一開始食材的準備、製作的順序、攪拌的方式、溫度與時間的拿捏，到最後為它穿上美麗的衣裳等，都是為了給予人們幸福的氣息。

媽媽親手做的食物，永遠是最甜美的，那怕只是簡單的一鍋地瓜粥，總是讓人忘不了。原來最簡單的事物總是美好，讓我們一起用喜悅的愛心來為家人或朋友製作出一道道幸福的甜點吧。

最後感謝上城的洪總(mh)、小方師傅、小李師傅，飛訊的吳老師、朱雀的莫小姐，以及法國烘焙美食大使柯瑞玲老師在這本書的製作過程中給予我最大的支持與協助，盼望所有的人都幸福滿滿！

法式烘焙時尚甜點

經典VS.主廚的獨家更好吃配方

Content

基本常識和基礎做法

幾個烘焙西點最基礎的常識及術語務必要先了解，才能製作出好看又好吃的點心。

室溫奶油

所謂室溫奶油是指適當溫度的奶油，通常適當的溫度約為28℃，此時的奶油較軟，以手指輕壓奶油，可壓出一道凹陷指痕。所以在烘焙之前要先把奶油由冰箱取出回溫。

融解奶油

把奶油先切成丁狀，奶油的融點約在60℃間。可用隔水方式、微波加熱融解，或直接融解於要加入的熱液體中，但溫度需保持在50℃左右。

分蛋法

分蛋要分得很乾淨，不要讓蛋黃蛋白混在一起。一手握住全蛋，將較尖的部份朝前，往容器邊緣輕敲，沿邊緣輕輕倒下蛋白液，如有蛋黃破掉掉下，則需馬上撈起蛋黃液。分蛋的時候一定要留意，蛋白不能沾到蛋黃，否則蛋白不易打發。

粉類過篩

過篩是烘焙西點過程中，非常重要的一道手續。除了讓粉類的質地更細緻化不結塊、並去除雜質外，更能讓空氣均勻混入麵粉中，讓烤出來的成品質地鬆軟。任何一種粉類都需要過篩。將篩網輕置於容器上或在篩網下方墊一紙張，以手輕拍即可篩出粉類。

全蛋打發

以網狀攪拌器攪拌到顏色變淡，呈現淡黃、乳白色，此時撈起的蛋液往下垂時可以畫出8字型，短時間不會消散。

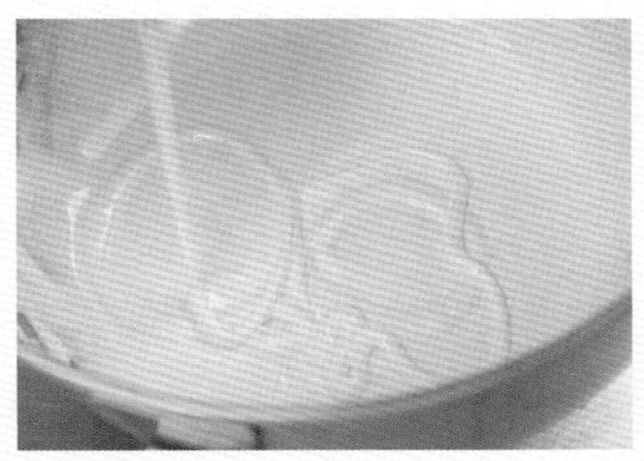

注意事項：

1. 全蛋打發時因為蛋黃含有油脂，所以在速度上不如蛋白打發迅速。以機器高速攪打約末5分鐘可以打發。
2. 全蛋溫度越低越不易打發，所以可以預先將全蛋從冰箱取出回溫。

鮮奶油打發

網狀攪拌器以中速攪拌到表面光滑、出現些許紋路即可，不可過度攪拌否則會油水分離。

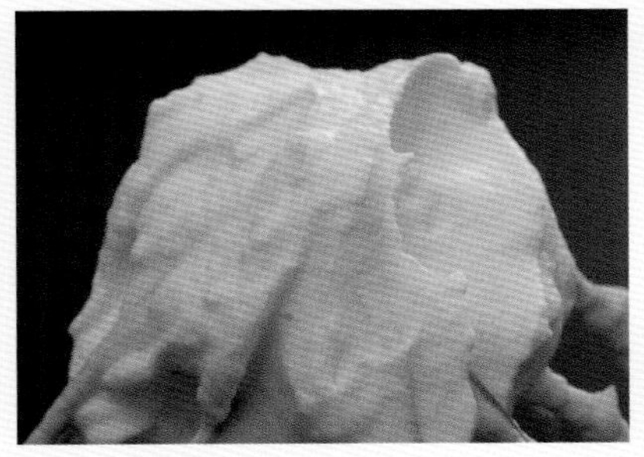

注意事項：

1. 溫度保持在4～6℃間較好打發，所以底部墊冰塊可以更好打發。

蛋白打發

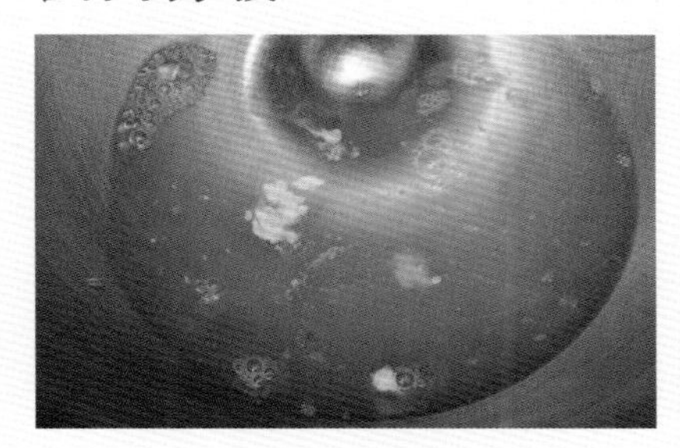

1 加入蛋白及少許塔塔粉。

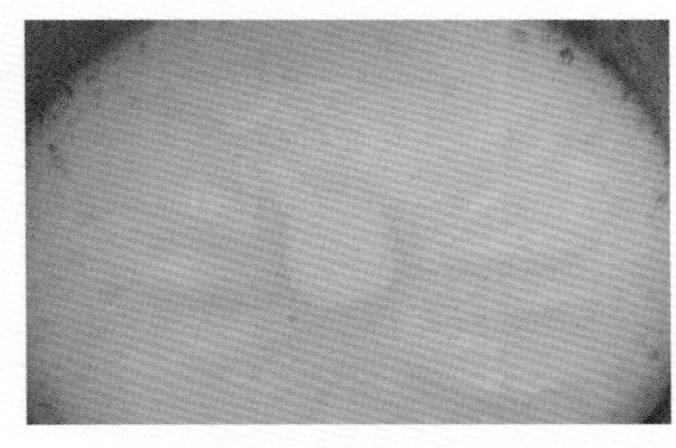

2 以網狀攪拌器高速攪拌至蛋白呈現乳白狀，加入細砂糖。

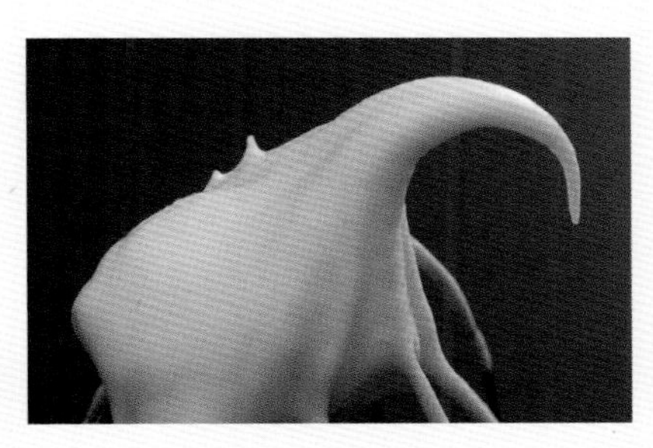

3 持續高速攪拌至蛋白撈起時，尖端會往下垂。此即為濕性發泡（又稱7分發）。

4 再持續高速攪拌至蛋白撈起時，尖端會往上挺立。此即為乾性發泡（又稱8分發）。

注意事項：

1. 所有器具要保持乾淨及乾燥，沒有水分及油污。
2. 蛋白的溫度在17～22℃之間最易打發。
3. 塔塔粉是一種酸性的白色粉末，可幫助蛋白打發、中和蛋白的鹼性，也讓蛋糕顏色較雪白。蛋若儲存得愈久，蛋白的鹼性就愈強；如果蛋白夠新鮮，蛋白不僅較容易打發且鹼性弱，此時也可不添加塔塔粉。
4. 打發的蛋白要立即使用，否則容易在攪拌過程中消泡。

攪拌

攪拌時每次都要以同一方向邊轉動鍋子邊攪拌，若以不同角度攪拌則會把空氣打掉。

1 右手握住橡皮攪拌器。

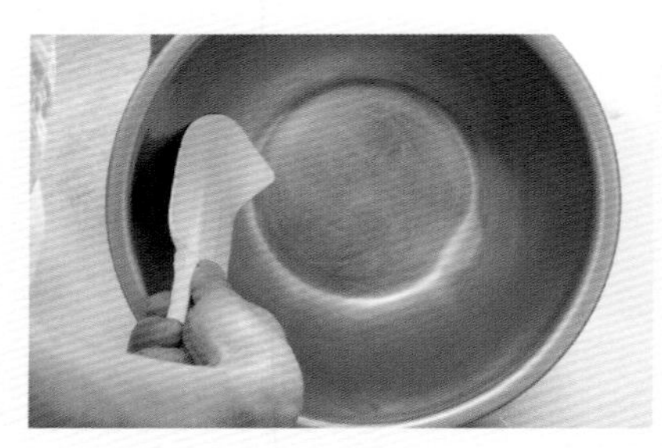

2 由下往上翻起。

3 右手一邊以順時針翻轉，左手一邊握住鋼盆邊緣。

4 左手以逆時鐘方向，配合右手轉動。

融化吉利丁

吉利丁片：準備一盆冰水（不可使用溫水或熱水），把所需要的吉利丁片一片一片分開來，置於冰水內，浸泡的時間約為10分鐘。

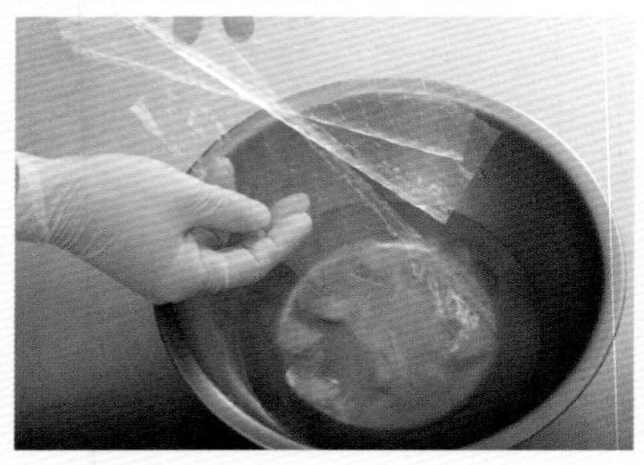

注意事項：
如果是吉利丁粉，亦需使用冰水，比例是重點。粉對水的比例是1:5。即吉利丁粉如果是10g.，水就是50g.，總合是60g.。加熱時用微波爐加熱或是隔水加熱都可以，融化溫度約為70℃。

處理香草棒

1 以小刀將香草棒從中剖開，刮出中間黑色的香草籽。

2 將香草棒連同香草豆莢一起浸泡在所要使用的食材內煮沸，離火後取出香草莢。

注意事項：
香草棒若用不完，需保存在陰涼乾燥的地方，或密封好放入冰箱冷藏。

擠花袋使用方式

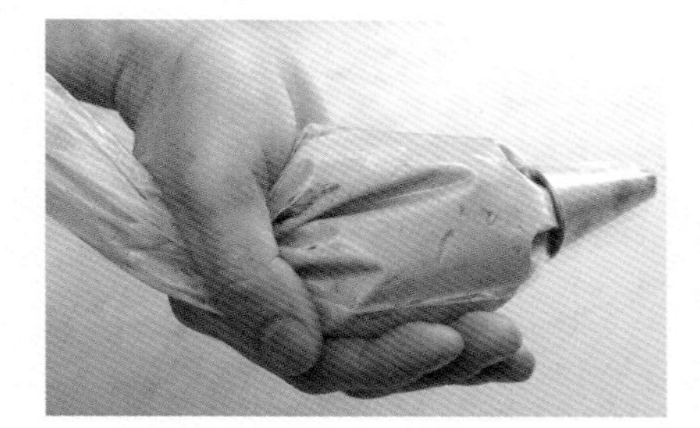

1 先放入所需要的花嘴，在其前端用擠花袋把花嘴堵住，再裝入所需要的麵糊。

2 把擠花袋由中間扭轉，將內餡往前擠。

3 右手握住前端，以直角方式往下擠，左手食指及中指輕碰花嘴，方便調整角度。

書寫字體

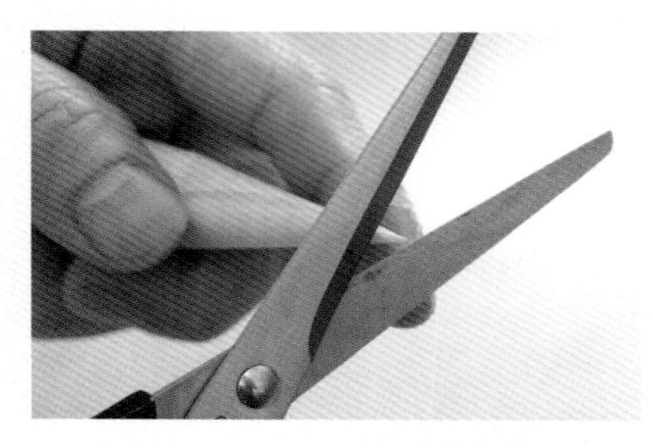

1 把巧克力醬裝入三角紙內，用剪刀剪出細微的小洞。

2 即可書寫出所想要的字體，如「生日快樂」等。

蛋糕抹面

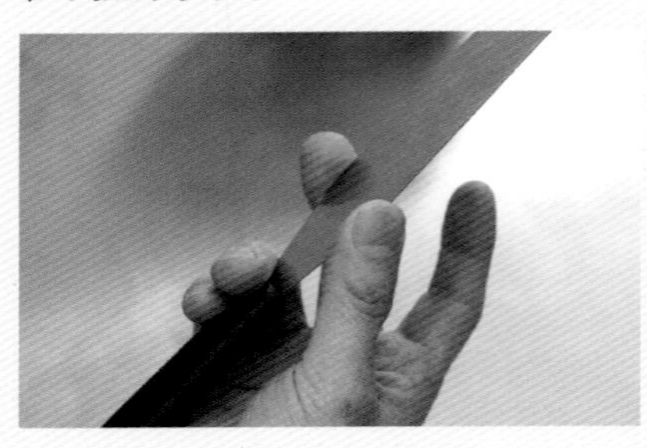

1 把蛋糕放置於轉檯中心，放上所需的鮮奶油。右手輕握抹刀把手的前端。

2 將抹刀前端置於蛋糕中心點上，以拇指上下轉動抹刀，讓抹刀呈現前後擺動。

3 將鮮奶油鋪滿整個蛋糕表面，抹刀微斜，一側微微離開、一側輕輕固定在鮮奶油表面，另一手輕輕轉動轉台。

4 側邊的方式也是一樣用微斜的方式抹平。將手軸提高比較好施力。

5 利用抹刀的前端，刮除台面上多餘的鮮奶油。

6 最後修飾表面。

蛋糕尺寸之介紹

1吋＝2.54公分
幾吋蛋糕的「吋」就是蛋糕的直徑。

6吋蛋糕直徑約15cm
可3～4人享用。

8吋蛋糕直徑約20cm
可6～8人享用。

10吋蛋糕直徑約25cm
可12～14人享用。

裁剪烤盤、烤模紙

1. 整版烤盤
將油性烘焙專用紙依烤盤大小剪出比烤盤長和寬都略大的紙型，先對摺成三角形，攤開來，另一邊再對摺出三角形，攤開來將4個角往內各剪出約4公分高，如此烘焙紙就能平穩的攤在烤盤上了。

2.長形烤模
先量出底部大小，方法同上，留意紙模的高度要高於烤模2公分以上。

烤模換算

圓形烤模體積計算：
3.14 × 半徑平方 × 高度＝體積

讀者可以自行依公式換算配方，如果圓模的高度不變則公式更簡單，可直接以平方比例來算，如若要將原8吋圓形蛋糕的食譜轉為6吋蛋糕的大小，則為8×8：6×6＝64：36＝1：0.56，直接將8吋材料的份量乘以0.56就是6吋的份量。

方形烤模體積計算：
長 × 寬 × 高度＝體積

基本蛋糕製作方法

以下的幾個蛋糕基礎做法，在本書中很多食譜裡都會運用到，多加練習基本功，要製作出好吃的蛋糕就沒問題了。

香草戚風蛋糕 *Vanilla Chiffon Cake*

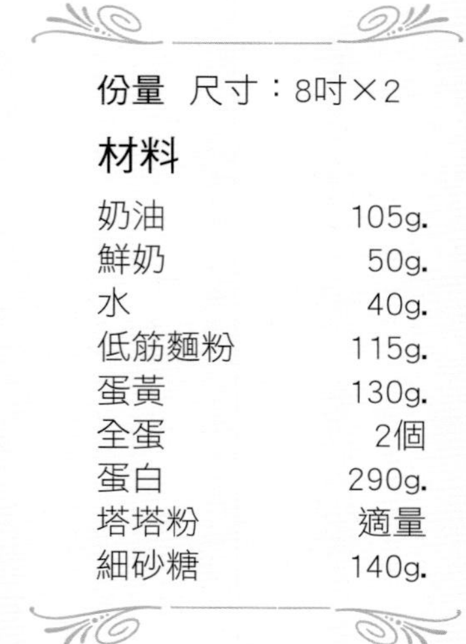

份量 尺寸：8吋×2

材料

奶油	105g.
鮮奶	50g.
水	40g.
低筋麵粉	115g.
蛋黃	130g.
全蛋	2個
蛋白	290g.
塔塔粉	適量
細砂糖	140g.

做法

1

蛋黃麵糊：奶油放入鍋內加熱至融化。

2

加入鮮奶及水再次煮到沸騰後離火。

3

離火後倒入攪拌盆內，立刻加入過篩好的低筋麵粉攪拌均勻。

4

加入蛋黃和全蛋。

5

再次攪拌均勻成麵糊，放置一旁備用，此時溫度需保持在40℃。

6

打發蛋白：另取一鍋，先將蛋白和塔塔粉以網狀攪拌器高速攪打至蛋白呈現乳白狀。

Oui, Chef!
重點提示

1. 攪拌好的蛋黃麵糊部分需控制在溫度40℃，否則烤好的蛋糕油脂會沉底。
2. 攪拌時則要以同一方向邊轉動鍋子邊攪拌，若以不同角度攪拌則會把空氣打掉。
3. 戚風蛋糕烤模不需抹油也不必鋪紙防沾，因為戚風麵糊主要是靠著烤模攀爬往上，才能烘烤漂亮。

戚風蛋糕

戚風蛋糕又稱分蛋式蛋糕，傳聞是1927年，美國人哈利貝克（Harry Baker）發明的。Chiffon原意是指非常柔軟的雪紡，表示這種蛋糕的質地非常鬆軟；它最重要的過程是要將全蛋中的蛋白和蛋黃分為兩部份來攪打。戚風蛋糕的麵糊含水量較多，因此完成後的蛋糕體組織比起其他類的蛋糕來得鬆軟，吃起來的口感也較為細緻綿密。本書裡的黑森林、提拉米蘇、夏洛特等都有運用到戚風蛋糕。

製作戚風蛋糕失敗的原因

很多人問老師，為什麼戚風蛋糕出爐時很漂亮，但出爐後不久就塌陷了，原因包括：

1. 分蛋時不小心，蛋白沾到蛋黃或油、水，蛋白不純淨就無法打硬，故蛋糕一出爐就會劇烈收縮。
2. 蛋白沒打發完成，雖然蛋糕在烤箱內膨脹得很高，但一出爐後就縮下去了。
3. 泡打粉受潮或超過保存期限而使蛋糕無法膨脹。
4. 蛋黃加糖、油、鮮奶等攪拌時沒拌勻，麵糊最後未拌勻，烤好後蛋糕底層會有油層或濕麵糊沉澱。
5. 在爐中膨脹得很好，一出爐就縮，也有可能是沒有烤透，組織還沒有定形。

7
加入細砂糖持續以高速攪拌。

8
攪拌至至蛋白撈起時，尖端會往下垂的濕性發泡（又稱7分發）。

9
取三分之一的蛋白到蛋黃麵糊內輕拌。

10
再把剩餘的蛋白倒入麵糊中輕輕拌勻。

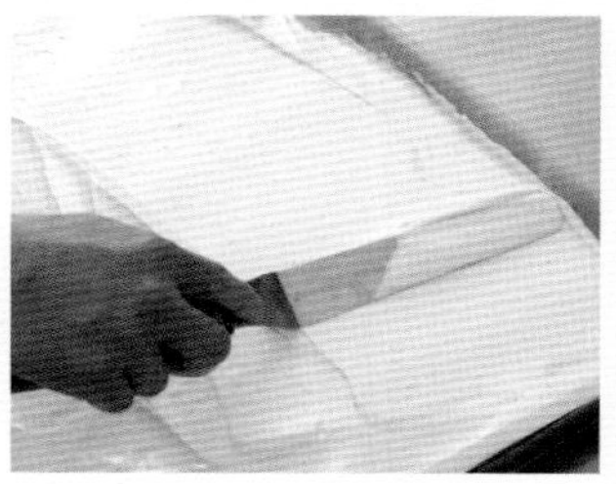

11
放入模型內抹平後，即可入烤箱。以180℃烤約30分鐘。

杏仁海綿蛋糕

Pâte à Biscuit à L'amande

份量 15cm×10cm×4盤

材料

全蛋	120g.
蛋黃	60g.
糖粉	150g.
杏仁粉	150g.
蛋白	260g.
細砂糖	100g.
低筋麵粉	160g.

Oui, Chef! 重點提示

1. 攪拌時必須使用橡皮攪拌器。
2. 此蛋糕適合做整盤，不適合做小模型。也可以做成蛋糕卷。

做法

1

全蛋與蛋黃、糖粉、杏仁粉以網狀攪拌器打至全發狀，顏色呈現出淡黃、乳白色，此時撈起的蛋液往下垂時可以畫出8字型，短時間不會消散。打發時間約5分鐘。

2

蛋白以網狀攪拌器高速攪打，至乳白狀起泡時加入細砂糖繼續攪打，至蛋白撈起時，尖端會往下垂的濕性發泡（又稱7分發）。

3

兩者以橡皮刮刀輕輕拌勻，輕拌時一邊加入過篩的麵粉。

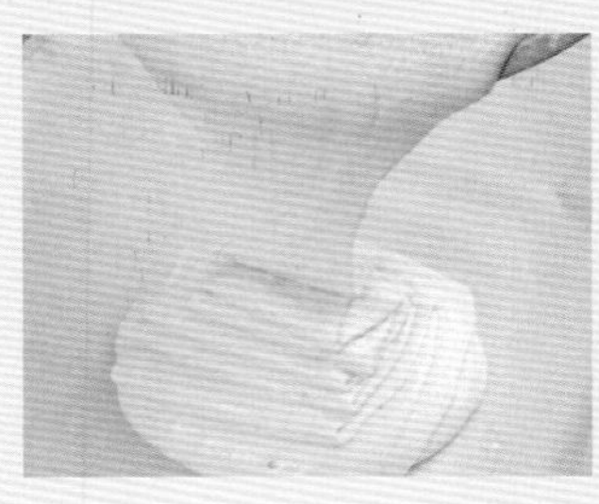

4

烤盤先鋪上防油紙，再倒入麵糊，抹平麵糊，放入烤箱以180℃烤焙約10分鐘。

手指蛋糕

Pâte à Biscuit à La Cuillère

份量 約50個

材料

蛋黃	5個
細砂糖	35g.
蛋白	5個
細砂糖	60g.
低筋麵粉	80g.
玉米粉	60g.

做法

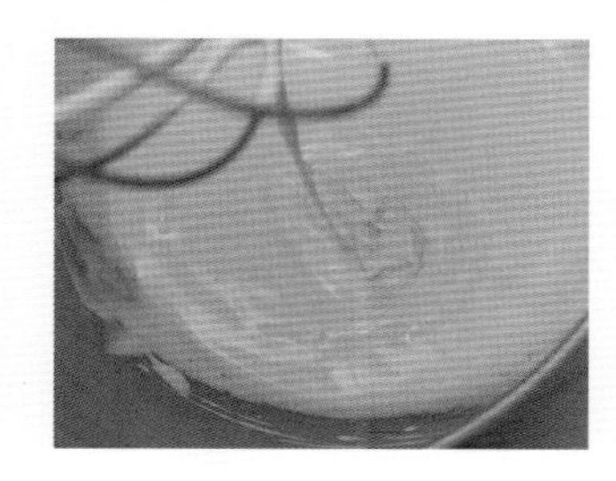

1

蛋黃與細砂糖以網狀攪拌器打至全發狀，顏色呈現出淡黃、乳白色，此時撈起的蛋液往下垂時可以畫出8字型，短時間不會消散。時間約5分鐘。

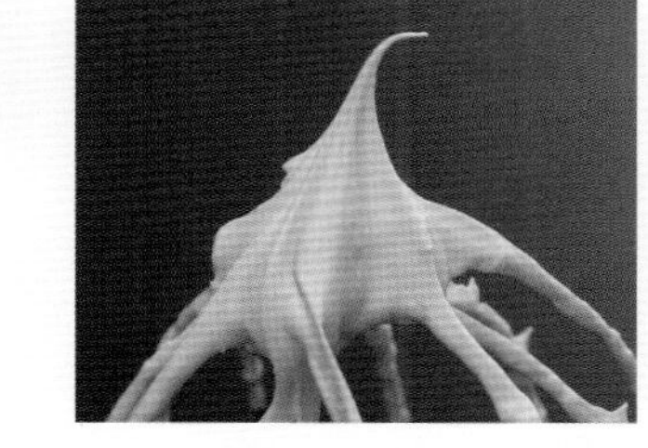

2

蛋白以網狀攪拌器高速攪打，至乳白狀起泡時加入細砂糖繼續攪打，至蛋白撈起時，尖端不會往下垂的乾性發泡（又稱8分發）。

3

兩者以橡皮刮刀輕輕拌勻，輕拌時一邊加入過篩的麵粉和玉米粉。

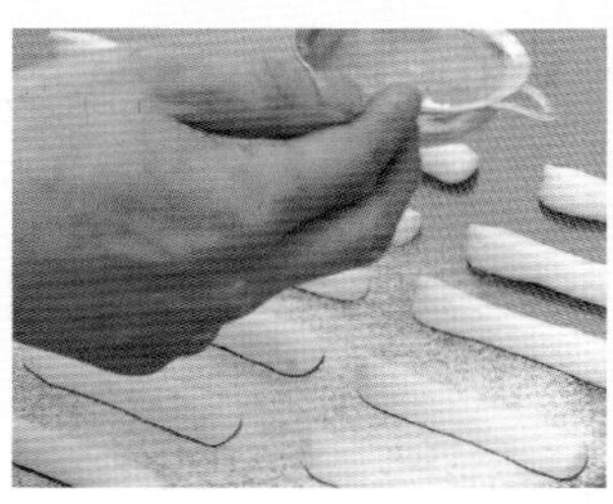

4

烤盤鋪上矽膠模，以平口花嘴擠成手指狀，表面撒上些許糖粉，放入烤箱以190℃烤焙約5分鐘。

甜塔皮 *Pâte Sucree*

份量 8吋×1個

烤焙溫度、時間
180℃，20分鐘

材料

材料	份量
奶油	150g.
糖粉	100g.
全蛋	1個
低筋麵粉	260g.
杏仁粉	30g.

鹹塔皮 *Pâte Brisee*

份量 8吋×1個

烤焙溫度、時間
200℃，20分鐘

材料

材料	份量
奶油	190g.
鹽	5g.
鮮奶	50g.
低筋麵粉	250g.

1. 攪拌時不可過度，成糰即可。
2. 鹹塔皮的配方由於加入較多鮮奶，液體含量多，會使麵糰產生較多筋性，所以加上重石，可使烤好的塔皮形狀更完整。甜塔皮則可不加重石烘焙。
3. 如果內餡是要進烤箱一起烤，做好塔皮就直接填餡，然後烤焙。如果內餡不必烤，則在塔皮底部刺幾個洞後，放置鬆弛半小時以上再烤，烤好再填餡。鬆弛後再入烤箱烤，派皮較不易變形。

塔皮

甜塔皮與鹹塔皮的製作步驟相同，
但配方和烘焙溫度略微不同。

做法

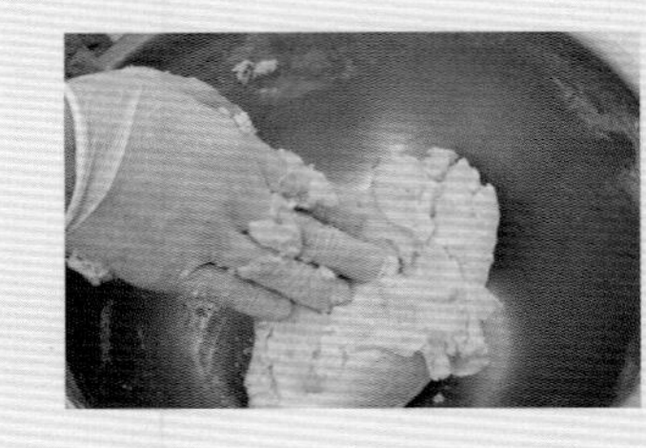

1
奶油放置室溫軟化，放入攪拌盆中，與其它材料一起拌勻成麵糰。放入冰箱冷藏約2小時。

2
取出後，在桌上撒些許手粉，以擀麵棍擀壓將至約0.5公分的薄度。

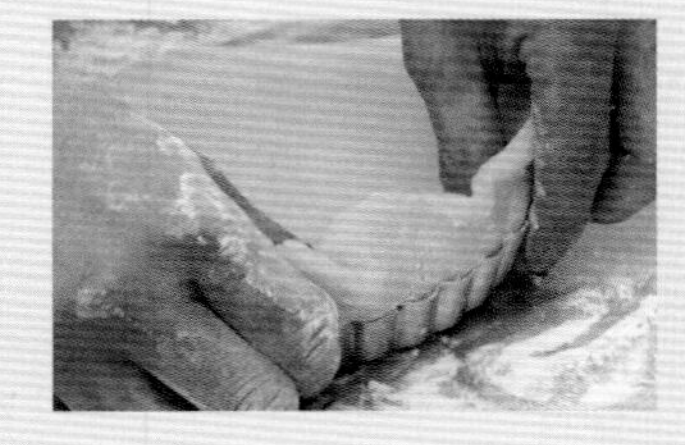

3
將塔皮輕放入所需的模子內，以雙手拇指將塔皮貼緊模子邊緣。

4
邊捏邊旋轉，再用切麵刀裁去多餘的麵皮。

5
塔皮需高出模子約0.5公分。塔皮內部用叉子搓小洞。靜置約半小時。

6
先用防油紙壓緊塔皮，上面再放上重石，即可入烤箱烤焙。

法式沙布蕾塔皮
Pâte Sablée

份量 6公分×6個

材料

奶油	70g.	低筋麵粉	90g.
細砂糖	55g.	泡打粉	4g.
鹽	1g.	香草棒	1/2支
蛋黃	25g.		

做法

1 奶油放置室溫軟化，與所有食材一起放入攪拌盆中，以槳狀攪拌器攪拌到形成砂粒狀即可。

2 放置冰箱冷藏約2小時，取出擀壓到約1公分的厚度，以模子壓出所需的大小，切去多餘的麵糰。連模子一起送入烤箱。以200℃烤焙約20分鐘即成。

Oui, Chef! 重點提示

沙布蕾不可攪拌過度，否則餅皮會不酥脆，常運用於餅乾或慕斯夾層，味道香、口感較一般的餅皮鬆脆。

義大利蛋白霜
Meringue Italienne

份量 100g.

材料

蛋白	70g.
細砂糖	40g.
水	15g.

做法

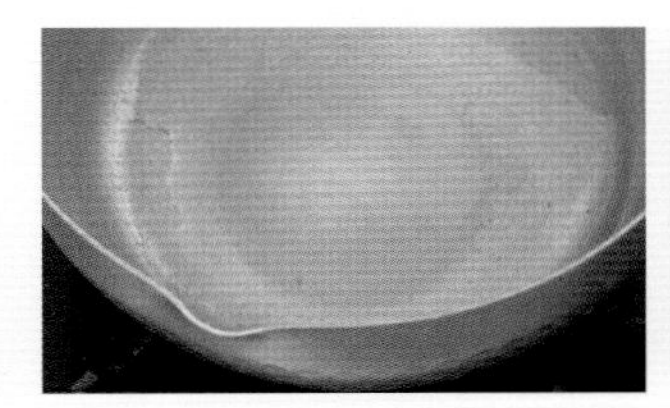

1 細砂糖與水煮到120℃。

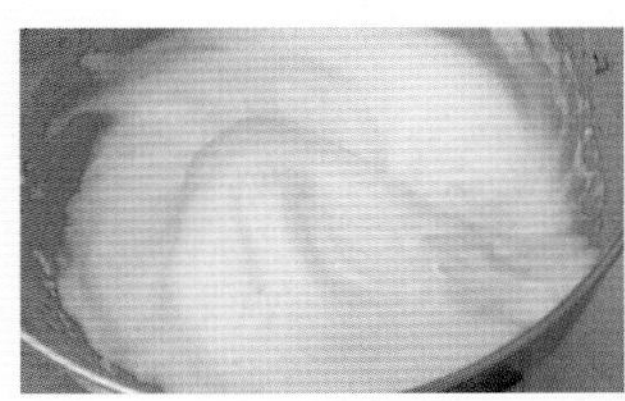

2 蛋白攪拌至乳白狀、有小泡沫時，加入熱糖漿，以網狀攪拌器高速攪拌蛋白。

3 攪拌到蛋白撈起時，尖端不會往上挺立的乾性發泡（又稱8分發）。此時溫度降至約35～40℃。

Oui, Chef! 重點提示

1. **蛋白在未加入糖漿時必須持續高速攪拌。**
2. **為了確保蛋白霜質地細緻，最好使用溫度計測量。**

奶油霜

Crème au Beurre

份量 950g.

材料

鮮奶	200g.	細砂糖	130g.
香草棒	1支	奶油	500g.
全蛋	3個		

做法

1 鮮奶、香草棒和細砂糖放在鍋中煮沸，離火後加入全蛋再次加熱。邊煮邊快速攪拌，煮至約85℃。

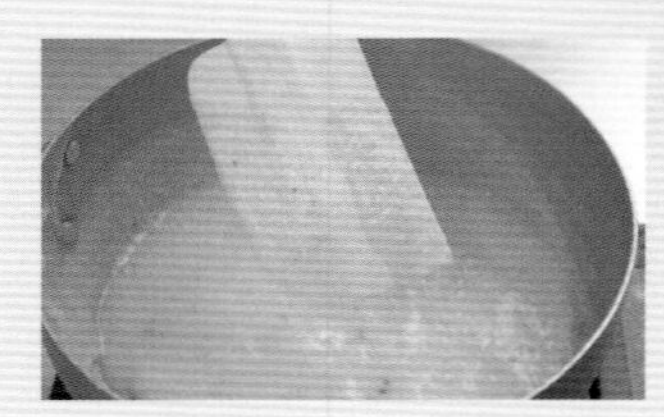

2 離火後持續攪拌，拌製冷卻。

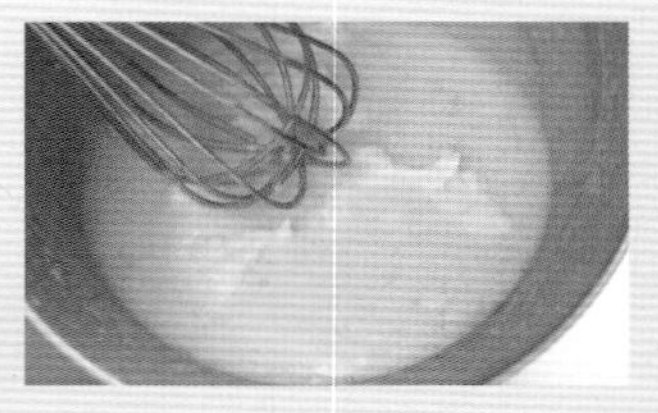

3 邊加入室溫軟化的奶油拌至絨毛狀即成。

Oui, Chef! 重點提示

1.加入全蛋後回煮的過程，攪拌的速度要快，否則會形成蛋花。

2.奶油的溫度需保持在約20℃左右，加入前先切成丁狀。

3.可依個人喜好變化口味，如加入咖啡、水果等味道。

克林姆醬

Crème Pâtissière

份量 500g.

材料

鮮奶	250g.	玉米粉	20 g.
細砂糖	60g.	奶油(切丁)	135g.
香草棒	1/2支	檸檬皮屑	1個量
蛋黃	40g.		

做法

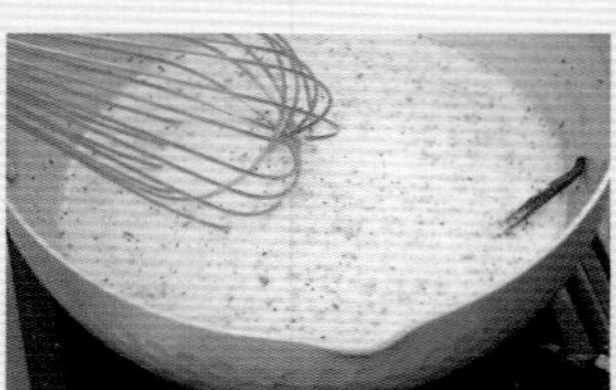

1 香草棒對切，取出香草籽，連同香草豆莢+鮮奶+細砂糖煮沸後離火。取出香草莢丟棄。

2 拌勻蛋黃+玉米粉，加至煮好的鮮奶香草液中。

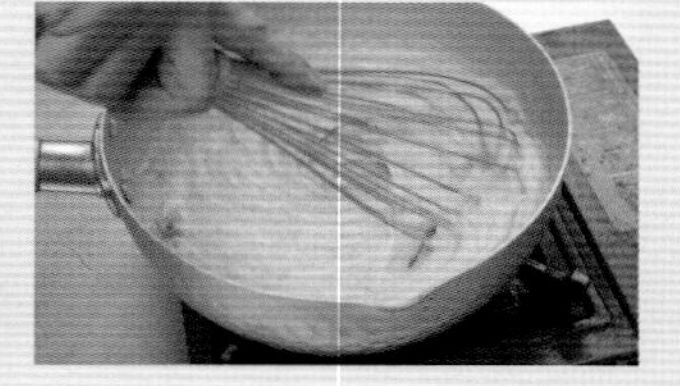

3 煮到沸騰，邊煮邊攪拌。

4 離火後加入切丁的奶油及檸檬皮屑，再次攪拌均勻即成。

Oui, Chef! 重點提示

在步驟3煮的時候需注意，攪拌的速度要快，否則底部容易焦。步驟4要加入的奶油需保持冰冷的狀態。

巧克力醬

Ganache

份量 250g.

材料

65%巧克力 150g.
動物性鮮奶油 100g.
櫻桃酒 10g.

做法

1 鮮奶油煮沸，倒入巧克力內。

2 用均質機均質。

3 再加入酒類拌勻。

4 可隨自己喜好加入奶油，使其口味更滑順。

Oui, Chef! 重點提示

1. Ganache（甘那許）即巧克力醬，指以鮮奶油加入巧克力裡做成的濃稠巧克力醬。要選用動物性鮮奶油來製作，通常動物性鮮奶油和苦甜巧克力的比例為1：1到1：1.5。
2. 攪拌時需選用均質機或是橡皮刮刀攪拌，也可使用調理機，使巧克力及奶香味道完全釋放。

法式香緹餡

La Crème Chantilly

以打發鮮奶油加糖、酒或香草調味的法國醬汁。常用在甜點的裝飾或冰淇淋裝飾上。

份量 200g.

材料

動物性鮮奶油 100g.
細砂糖 5g.
香草醬 適量

做法

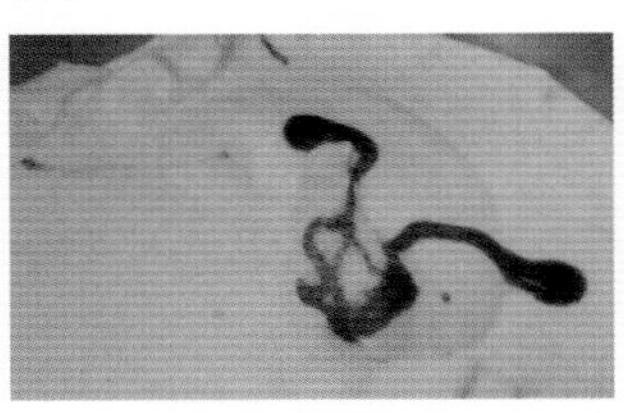

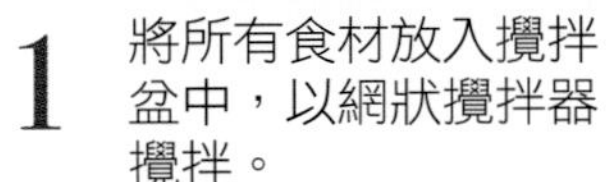

1 將所有食材放入攪拌盆中，以網狀攪拌器攪拌。

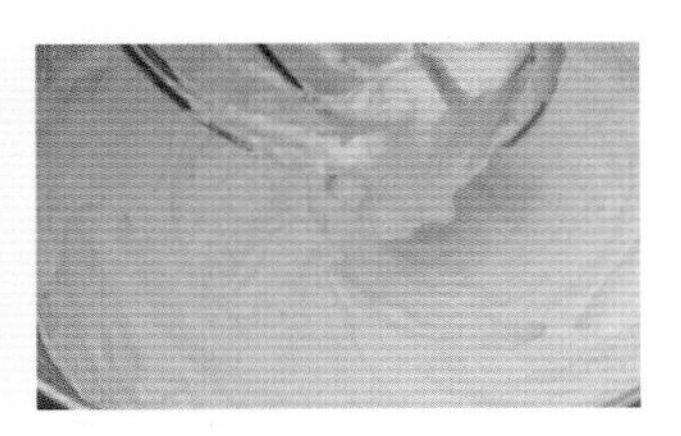

2 攪拌到鮮奶油表面產生紋路即成。

Oui, Chef! 重點提示

1. 鮮奶油需保持溫度約4～6℃間較容易打發，底部墊冰塊可以更好打發。
2. 不可攪拌過度，否則油脂會分離。

器具Backing Utensil

先認識製作西點的器具，並了解每種器具的特性及功能，才會更容易操作。

慕斯框
Mousse Ring
各式各樣的慕斯框，大小不一可依個人喜好做選擇。

模具Baking Mould
長條型一般都使用在重奶油蛋糕上，圓型模具有分活動底及固定底，一般用在戚風蛋糕烘焙上。

矽膠模Silicone
各式各樣的模具及襯墊，可耐高溫至300℃，耐凍至-100℃，脫模容易，清洗方便。

陶瓷烤皿Custard Cup
一般會運用在烘烤布丁上，在歐洲還有專用的陶瓷模運用在咕咕洛夫蛋糕(Kouglof)及潘多酪麵包(Pan Doro)上。

各式刀具Cutlery
長短不一的抹刀及鋸齒刀等，可針對不同大小的蛋糕來選擇。

烘烤用紙模Parchment Paper
各式各樣烘烤模，有紙張及耐烤杯等，一般烘烤紙杯都經過防油處理可防止沾黏。

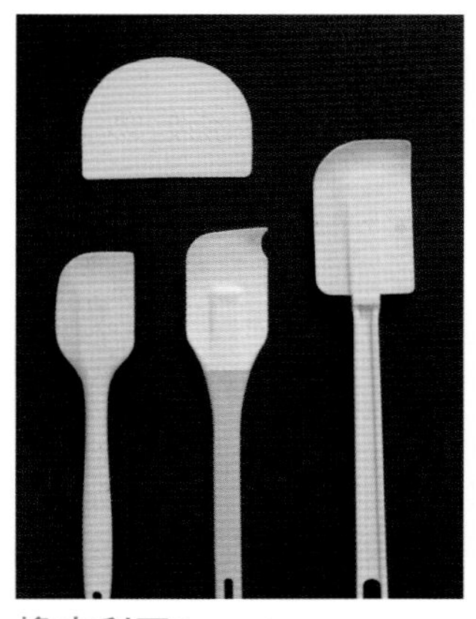

橡皮刮刀Spatula
有長短不一的尺寸可做選擇，一般在麵糊做最後攪拌階段時使用。

擠花袋與花嘴
Pastry Bag & Pastry Tips
有平口及貝殼花嘴等，可應用在裝飾蛋糕上。

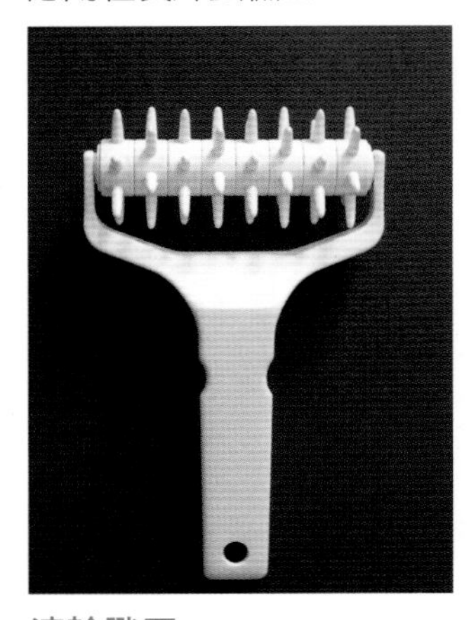

滾輪戳刀
Pastry Dough Docker
用在塔皮戳洞上，右手握住手把，輕輕往前推即可使塔皮上產生小洞。

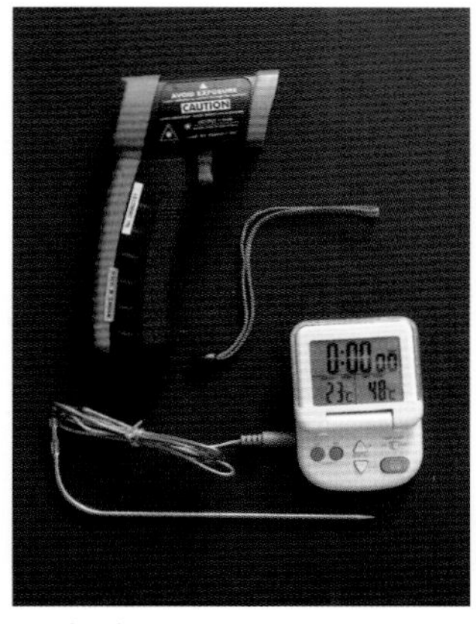

溫度計Thermometer
使用溫度計測量溫度，可讓產品製作時更穩定，有紅外線式及指針式等。

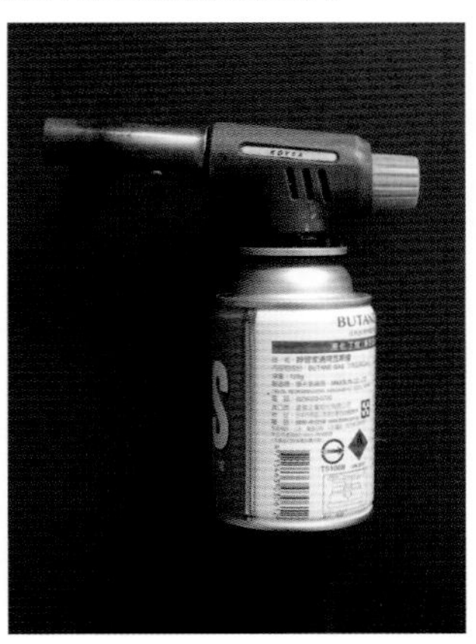

瓦斯噴槍Culinary Torch
使成品在短時間內退冰及慕斯框脫模，亦或是用於燒烤焦糖布丁等。

計量器Automatic Funnel
可確保成品的重量一致，常用於液態食材的分量，如布丁液等。

攪拌器Mixer
可分為手動或自動，建議初學著可購買桌上型攪拌器，會節省許多時間。

網狀攪拌器在製作乳沫類蛋糕及鮮奶油打發時會使用。槳狀攪拌器用來攪拌質地稍硬的產品，如起司、製作重奶油蛋糕及餅乾或是塔皮等產品。勾狀攪拌器則是攪拌麵糰或油皮類等，製作麵包時使用。

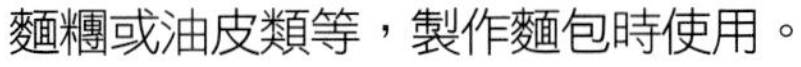

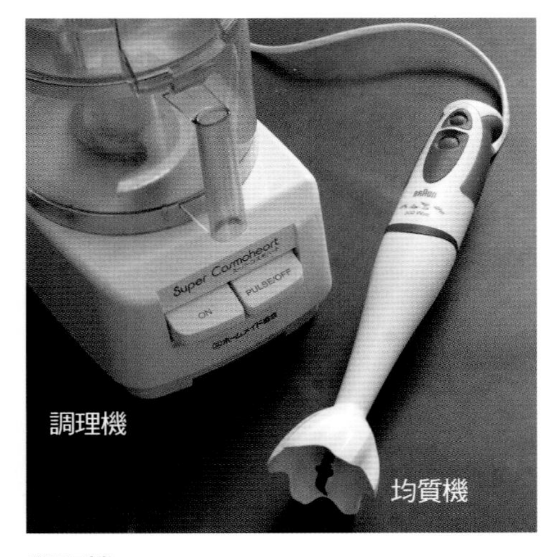

調理機Mixer
將食物攪至粉末狀，如核桃或是開心果等堅果類產品。

均質機Dispersing
均質就是讓一個範圍內的東西分佈平均細緻均勻。均質機可讓產品攪拌時更細緻，通常在製作手工巧克力及巧克力相關產品時使用。

食材Raw Material

製作西點時，正確的使用材料是很重要的，了解材料的特性及功能，可以減少失敗的機率！

奶油Butter
乳製品的一種，是由未均質化之前牛乳頂層的牛奶製成，一般分為發酵奶油（Cultured Butter）、無鹽奶油(Unsalted Butter)及有鹽奶油(Salted Butter)。發酵奶油是由乳酸菌製造出酸與香味的混合物，因此味道較濃，通常適用於磅蛋糕與餅乾等。 而無鹽及有鹽奶油則適用於製作蛋糕、麵包等。

沙拉油Salad Oil
沙拉油為液態油，相對於奶油，會使蛋糕冷卻後還能保持濕潤度，常用於戚風蛋糕。

烘焙專用烤盤油Cooking Spray
噴於烤模可防沾黏。

烘焙專用烤盤油
沙拉油
奶油

奶油起司　鮮奶

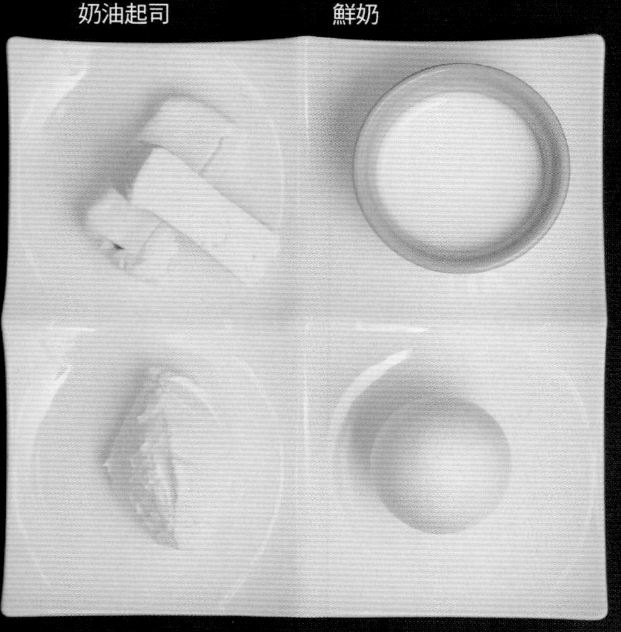

瑪士卡邦起司　雞蛋

鮮奶Fresh Milk
在甜點上應用很廣，可使蛋糕的口感綿密香濃。製作西點時都是使用全脂鮮奶而非低脂。

雞蛋Egg
含豐富脂肪及維生素，以重量計算一顆蛋約為50g，蛋白30g、蛋黃20g。土雞蛋的蛋黃色澤較深，法國烘焙店多半使用土雞蛋。而大量製作時可使用液體蛋。

奶油起司Cream Cheese
軟質乳酪，經由牛奶提煉而成，其含水量是所有乳酪中最高的一種，主要應用在起司蛋糕或麵包抹醬上。

瑪士卡邦起司Mascarpone Cheese
屬於新鮮乳酪的一種，保存期限較短，是製作提拉米蘇不可缺少的食材之一。

鮮奶油Whipping Cream
由新鮮全脂牛奶提煉，其含乳脂由20～49%不等，在甜點應用上經由攪拌使其發泡，是製作慕斯之主原料。

糖類Suger

轉化糖漿(Invert Suga)兼具蜂蜜的風味和效果，在烘焙業上有逐漸取代砂糖的趨勢。**紅糖**是未精練之蔗糖，帶有焦香味，甜度較白糖低。**二砂糖**顆粒較粗、色澤金黃，適合搭配餅乾或咖啡。**糖粉**、**細砂糖**則為使用最為廣泛的材料。

粉類Powder

高筋麵粉適合做麵包，**低筋麵粉**適合做鬆軟之糕點。做蛋糕時加入少量的**玉米粉**，可以降低麵粉筋度，增加蛋糕鬆軟口感。**可可粉**是去除巧克力中的油脂後，研磨製成的粉狀製品，通常是無糖成分，可混入餅乾、蛋糕裡，或撒於西點蛋糕表面增加風味及裝飾。**杏仁粉**是法式點心中最常見的材料，與麵粉混合後，使蛋糕較有口感，而運用在餅乾內，則較為酥脆。

粉類Powder

卡式達粉(Custard Powder)只要加水或鮮奶就成為濃稠的卡士達醬，多用於製作布丁或泡芙內餡。**泡打粉**為蛋糕膨脹劑之一，一般添加量為總量的2～3.5%。**蘇打粉**與可可粉混合時，可使可可味道及顏色較為顯著。**塔塔粉**(Cream of Tartar)通常與蛋白一起打發，可使蛋白發泡維持較久。

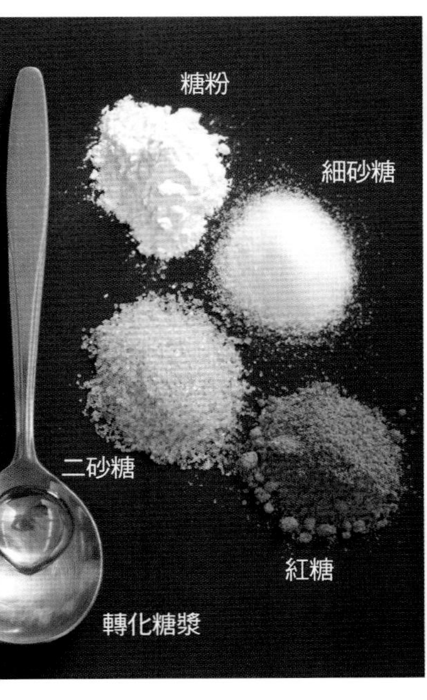

吉利丁Gelatin

屬膠質凝固劑，來自於動物膠質，分為片狀及粉末狀，片狀需泡於冰水中，而粉末狀需與水混合，比例為1：5。

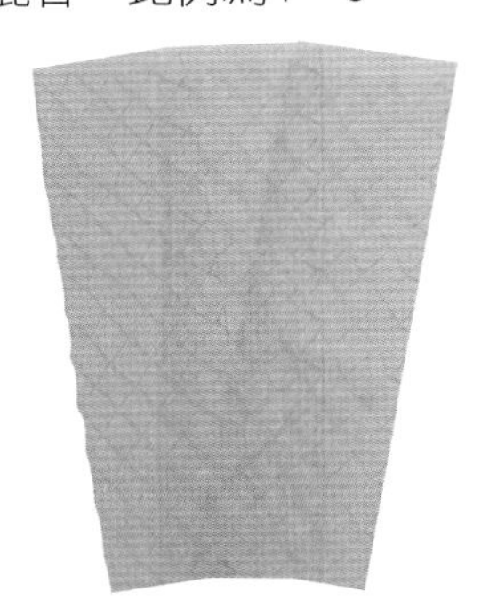

杏仁膏Marzipan

由杏仁、糖及蛋白研製而成，可使成品保濕性較長，口感濃郁。

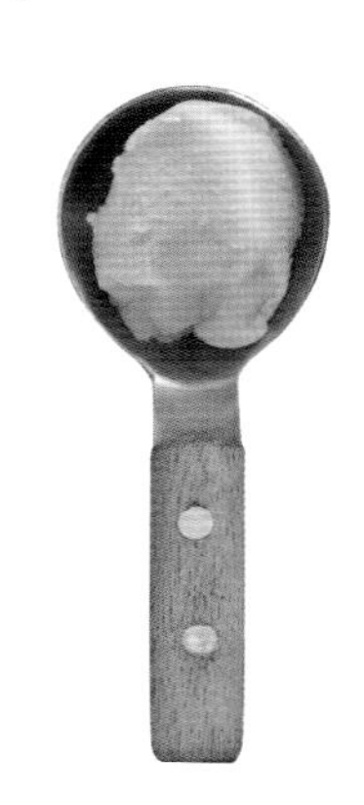

栗子醬Chestnut Puree

泥狀的栗子醬是製作糕點、麵包的食材。

榛果醬Hazelnut Puree

由榛果、糖，及香草混合而成，一般用於手工巧克力內餡。

糖漬栗子粒Treacle Chestnut
被廣泛應用在食品上，煮、烤、炒等多種烹飪方法都適合。

無花果Figue
法式點心常用的食材，目前也普及到台灣。

糖漬橘皮
Treacle Orange Peel
新鮮香吉士用糖蜜的方式製成，適用於常溫蛋糕，口感酸甜中帶點苦味。

酒漬櫻桃Cherries in Kirsch
新鮮櫻桃浸泡於酒中而製成，常用來裝飾蛋糕。

義大利榛果香甜酒
Frangelico
直接啜飲或是加冰塊調成雞尾酒，甚至調入熱咖啡中，榛果風味都相當迷人，本書使用於蒙布朗的栗子內餡中。

香料Spice
香草棒（Vanilla Pod）價格較高，但加入西點中香味倍增，產於大溪地及馬達加斯加的品質及味道較優。大膽運用綠胡椒、肉桂條和八角，也能讓點心有畫龍點睛的新風味。

巧克力Chocalate
由可可樹上的可可豆萃取而製成，可可豆中含有50～60%的可可脂，是製成巧克力主要原料。鈕扣巧克力操作方便，不須切碎，為調溫巧克力。巧克力碎片用於蛋糕最後的裝飾。耐烤巧克力豆適合加在餅乾麵糰或磅蛋糕內，烘烤不會溶化，可增加口感。

堅果類Nuts
麵糊內加上各類堅果可增加香味及不同的口感，堅果類也要留意保存期限，用不完的要放冰箱冷藏。

裝飾水果類Fresh Fruits
簡單的蛋糕上點綴新鮮的裝飾水果，絕對讓成品價值感加倍。進口新鮮水果要在大型超市購買。

Ouvrez la porte, c'est le début des desserts du bonheur.

打開門，幸福甜點的源頭就在這裡～

裝飾著濃濃香緹餡和野生藍莓的杯子蛋糕，
多麼適合在春天、在綠油油的草地上品嘗，
不如邀請愛麗斯一起來野餐吧，
放心吃一口蛋糕吧，脖子不會變長喔！

野生藍莓杯子蛋糕

Myrtille Cupcake

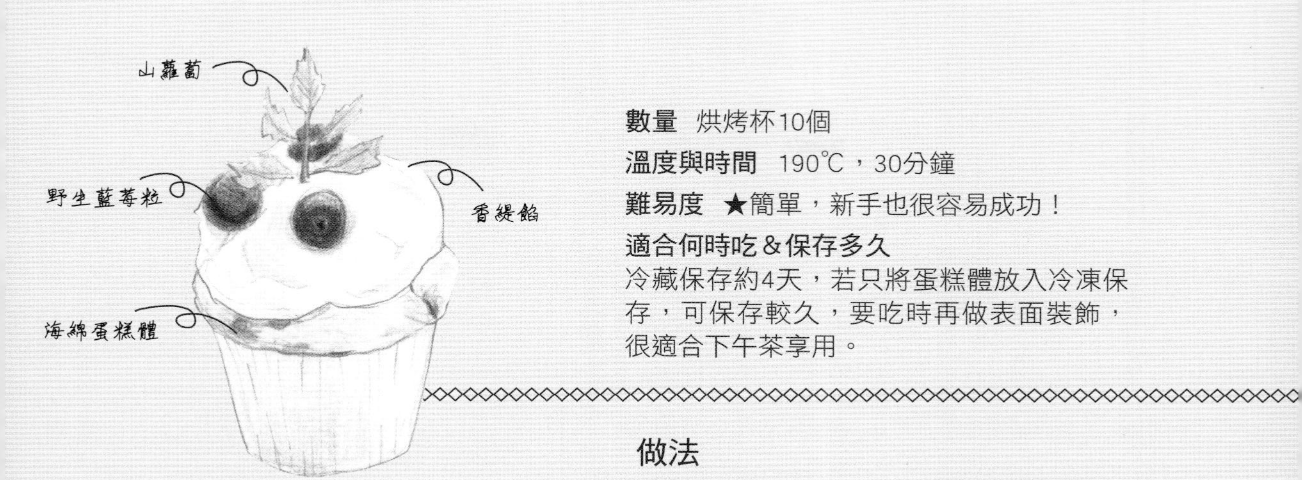

數量 烘烤杯10個

溫度與時間 190℃，30分鐘

難易度 ★簡單，新手也很容易成功！

適合何時吃＆保存多久
冷藏保存約4天，若只將蛋糕體放入冷凍保存，可保存較久，要吃時再做表面裝飾，很適合下午茶享用。

材料

麵糊

全蛋	4個
細砂糖	135g.
轉化糖漿	75g.
奶油	250g.
鮮奶	200g.
高筋麵粉	225g.
低筋麵粉	225g.
泡打粉	18g.
野生藍莓粒	275g.

外表裝飾

動物性鮮奶油	200g.
細砂糖	5g.
香草醬	適量
藍莓粒	適量

做法

製作蛋糕體Cupcake

1
雞蛋由冰箱取出後先回溫至室溫，加入細砂糖+轉化糖漿拌勻。

2
奶油隔水加熱或放微波爐加熱數秒融化成液體，與鮮奶一起倒入蛋液中。

3
最後加入高、低筋麵粉+泡打粉+藍莓粒拌勻。

4
擠入模型中至8分滿，即可放入烤箱烤焙。

製作法式香緹餡
La crème Chantilly

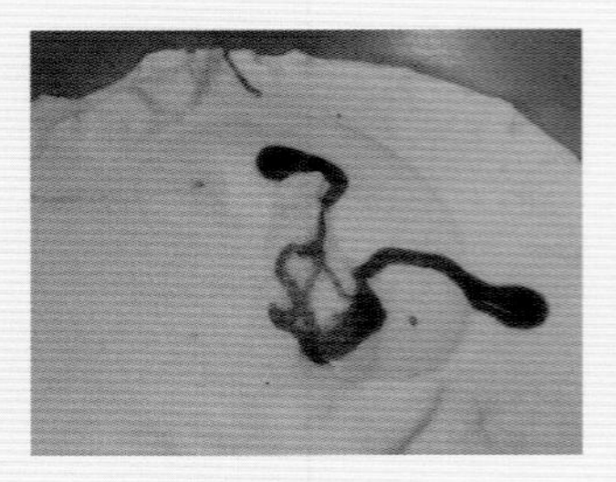

5

將動物性鮮奶油+細砂糖+香草醬放入攪拌盆中，以網狀攪拌器攪拌。

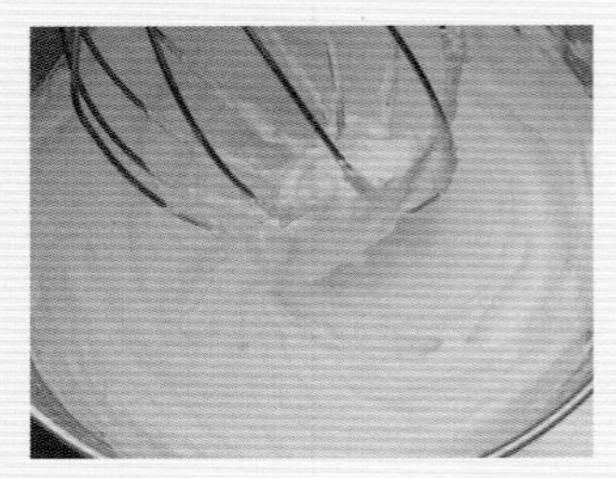

6

攪拌到鮮奶油表面產生紋路即成法式香緹餡。

組合Mix

7 待杯子蛋糕冷卻後，表面裝飾香緹餡及藍莓粒即可食用。

Oui, Chef! 重點提示

1. 製作香緹餡時，鮮奶油需保持溫度在約4～6℃間較容易打發，底部墊冰塊可以更好打發。
2. 不可攪拌過度，否則油脂會分離。

傳統藍莓杯子蛋糕

數量：5個

全蛋	2個
細砂糖	120g.
奶油	120g.
泡打粉	適量
藍莓粒	100g.

傳統的做法是將奶油打發，改良後的配方則只將食材攪拌，讓蛋糕體較濕潤，相對的口感會比較鬆軟，再搭配表面的香緹餡，讓味蕾更有層次感。

關於藍莓杯子蛋糕

國家 澳洲
製作順序 準備食材→攪拌→烘烤→裝飾
主原料 全蛋、奶油、麵粉、鮮奶油、藍莓
由來
杯子蛋糕最早出現在美國鄉村，幾年前開始在澳洲呈現出豐富裝飾表面的變化款，因而大受歡迎；目前杯子蛋糕紅遍全世界，紐約、東京、台北等流行都市都有超卡挖伊的專賣店。表層的裝飾可自由發揮，常見的包括香緹餡、巧克力餡、奶油餡，以及各種水果、堅果等。

把桂圓+紅棗+麵粉攪一攪，
不到1個鐘頭就做出
最流行的團購美食桂圓紅棗蛋糕；
再加點鮮奶油打一打裝扮一下，
你瞧，像不像來自紐約
第五大道的時尚甜點。

桂圓紅棗杯子蛋糕
Longan Hongzao Cupcake

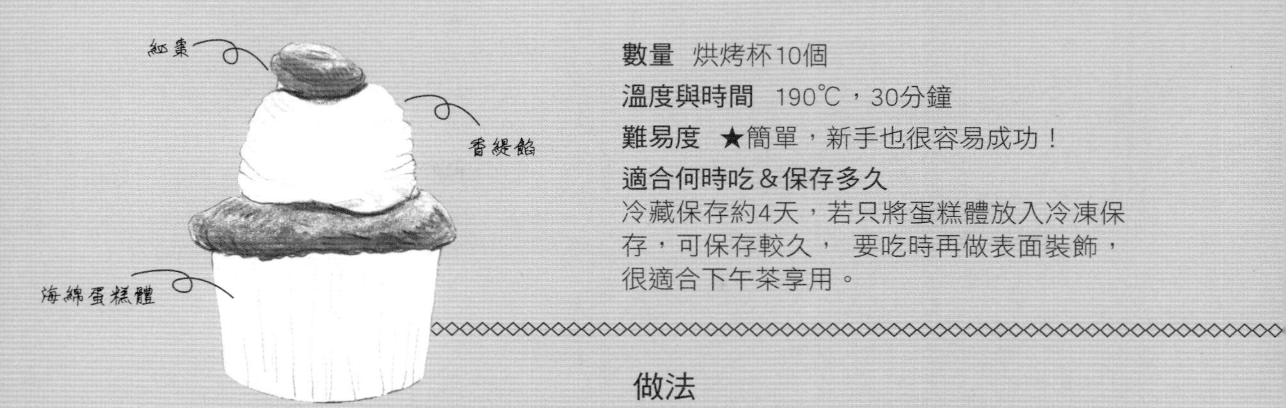

數量 烘烤杯10個

溫度與時間 190℃，30分鐘

難易度 ★簡單，新手也很容易成功！

適合何時吃＆保存多久
冷藏保存約4天，若只將蛋糕體放入冷凍保存，可保存較久， 要吃時再做表面裝飾，很適合下午茶享用。

材料

麵糊

桂圓	80g.
紅棗	80g.
水	100g.
全蛋	3個
糖粉	150g.
低筋麵粉	150g.
泡打粉	4g.
小蘇打粉	4g.
沙拉油	150g.

外表裝飾

法式香緹餡	200g.

1. 桂圓與紅棗需煮到味道出來。
2. 烤焙時需視烤箱調整溫度及時間。
3. 這道點心配方以沙拉油取代奶油，因沙拉油為液態油，相對於奶油，會使蛋糕冷卻後還能保存濕潤度。而加入小蘇打，則讓蛋糕更蓬鬆。

做法

製作蛋糕體Cupcake

1

桂圓+紅棗+水煮軟，撈出備用。

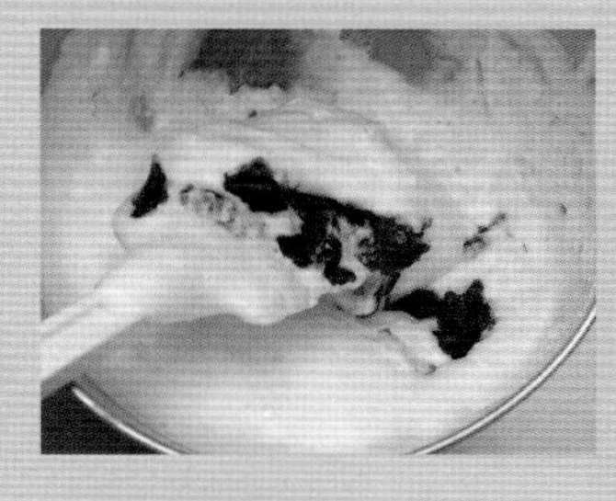

2

打發蛋，加入糖粉+低筋麵粉+泡打粉+小蘇打粉拌勻，加入桂圓、紅棗。

3

以攪拌機攪拌約5分鐘，倒入沙拉油拌勻，擠入模型中至8分滿，即可放入烤箱烤焙。

組合Mix

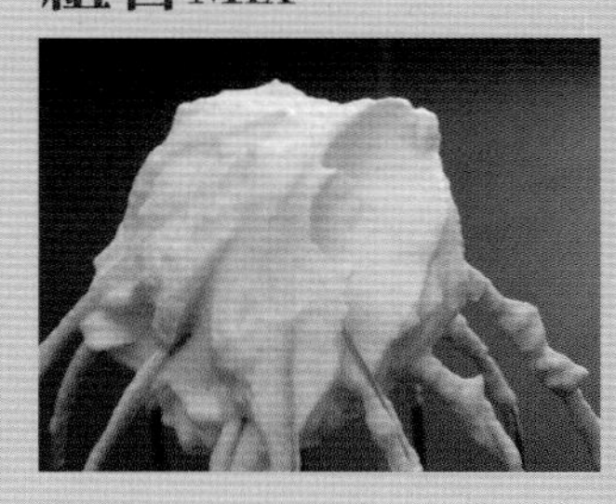

4

製作法式香緹餡，做法請參照P.21。香緹餡冷卻後，擠在杯子蛋糕表層，再裝飾些桂圓或紅棗即成。

關於桂圓紅棗杯子蛋糕

國家 台灣
製作順序 準備食材→攪拌→烘烤→裝飾
主原料 全蛋、奶油、麵粉、桂圓、紅棗、鮮奶油
由來
約在25年前即有的台灣糕餅產品，原來是為了養生的動機而製作出來的，而配方內加入養樂多會讓蛋糕本身多了一股淡淡的乳酸味，剛好能搭配黑棗，這算是台灣較古早味的甜點之一。

傳統 黑棗蛋糕配方

份量：20個

全蛋	6個
細砂糖	250g.
低筋麵粉	250g.
泡打粉	7g.
小蘇打粉	7g.
黑棗	190g.
養樂多	1罐
沙拉油	250 g.

傳統的配方式利用黑棗來製作，而這道桂圓紅棗以紅棗取代黑棗，有著更香濃的特殊風味，因黑棗味道較沉重，紅棗風味則較清香。

Pineapple Mango Cupcake

鳳梨芒果杯子蛋糕

當糖漬鳳梨碰上綠胡椒，

是怎樣的結婚關係呢？

還有伴郎八角+伴娘肉桂來齊賀，

一場華麗又奇妙的味覺婚禮就此展開。

數量 烘烤杯15個

溫度與時間
180℃，30分鐘

難易度 ★簡單
新手也很容易成功！

適合何時吃＆保存多久
冷藏保存約4天，若只將蛋糕體放入冷凍保存，可保存較久，要吃時再做表面裝飾，很適合下午茶享用。

材料

麵糊

奶油	250g.
細砂糖	90g.
全蛋	4個
低筋麵粉	250g.
泡打粉	5g.
糖漬鳳梨	100g.

糖漬鳳梨

新鮮鳳梨	100g.
細砂糖	50g.
水	150g.
肉桂棒	1支
綠胡椒	10g.
八角	適量

外表裝飾

瑪士卡邦起司	100g.
動物鮮奶油	50g.
芒果泥	50g.
香草醬	適量

做法

製作糖漬鳳梨Treacle Pineapple

1

鳳梨切小丁狀再放入盆內，加入肉桂棒+綠胡椒+八角。

2

水+細砂糖煮沸，倒入盆中。放入冰箱冷藏一晚。

製作蛋糕體Cupcake

3

將浸泡一晚的糖漬鳳梨過濾糖液，只留下鳳梨和綠胡椒。

4

奶油+細砂糖拌勻，以漿狀攪拌器先慢速拌勻，再以中速攪拌至體積變大變白，呈絨毛狀。蛋分2次加入攪拌，至麵糊呈光滑。

5

加入低筋麵粉+泡打粉拌勻。

6

倒入糖漬鳳梨拌勻，擠入模型中至8分滿，即可放入烤箱烤焙。

組合Mix

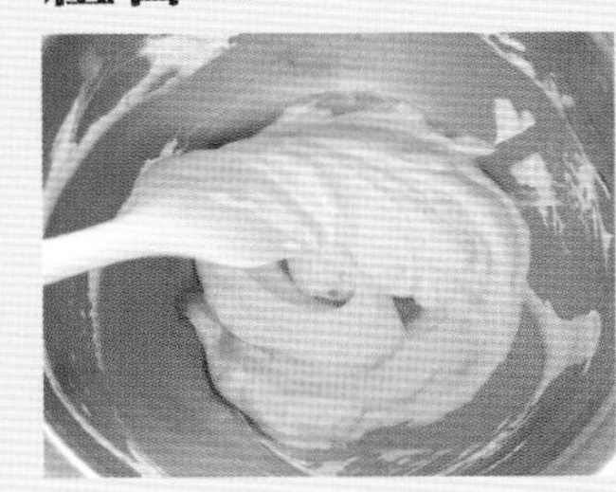

8

起司+鮮奶油+芒果泥+香草醬拌至柔軟狀，擠在杯子蛋糕表層，表面再裝飾些鳳梨和綠胡椒即可享用。

巧克力布朗尼

布朗尼風味濃郁、口感紮實，
是喜歡濃厚巧克力風味的人不可錯過的甜點，
搭配一杯飲品，就是一整個美好的午茶時光。

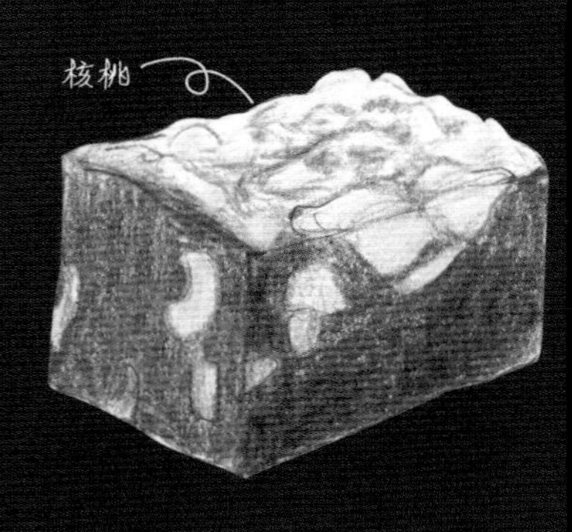

數量 20cm×20cm×2盤

溫度與時間
上下火180℃，45分鐘

難易度 ★簡單
新手也很容易成功！

適合何時吃&保存多久
常溫中可保存4天， 亦可放入冷藏 ；品嘗時須回溫，微波加熱後，風味更佳。

材料

巧克力	300g
奶油	300g.
全蛋	10個
細砂糖	210g.
轉化糖漿	125g.
低筋麵粉	250g.
巧克力豆	185g.
核桃	185g.
核桃(裝飾用)	200g.

做法

1

巧克力+奶油一起隔水融化至50℃備用。

2

全蛋+細砂糖先拌勻，加入融化好的巧克力液。

3

依序加入轉化糖漿+低筋麵粉+巧克力豆+185g.核桃等材料，再度拌勻成麵糊。

4

放入模型中至8分滿，外表撒上核桃粒，即可送入烤箱。

1. 每一項材料預先備好。
2. 巧克力液倒入後不可攪拌過久。
3. 加入轉化糖漿(Invert sugar)可增加巧克力穩定性、使巧克力質地更柔滑濕潤。

關於布朗尼

國家 美國
製作順序 攪拌→烘烤
主原料 巧克力、全蛋、奶油、核桃
由來
很多知名的甜點都是由錯誤造成的，布朗尼也是。據說當時一位美國婦人在製作此蛋糕時忘了打發奶油，事後烤焙起來竟然有種特別的風味，因而流傳至今，成為美國家庭最具代表性的蛋糕之一！

傳統布朗尼配方

份量：15cm×10cm×1盤

材料	份量
全蛋	3個
細砂糖	150g.
巧克力	250g.
奶油	150g.
低筋麵粉	60g.
核桃	100g.

改良後的配方添加了轉化糖漿，可使蛋糕保持濕潤度。乾果類也可以隨個人喜好做調整。

典藏黑森林

細緻的戚風蛋糕體，
搭配微苦的65%的巧克力、綿滑的鮮奶油；
品嘗每一口時，都能感受到香甜幸福的
好滋味，這是沒有人捨得說no的甜點。

Schwarzwaelder Kirschtor

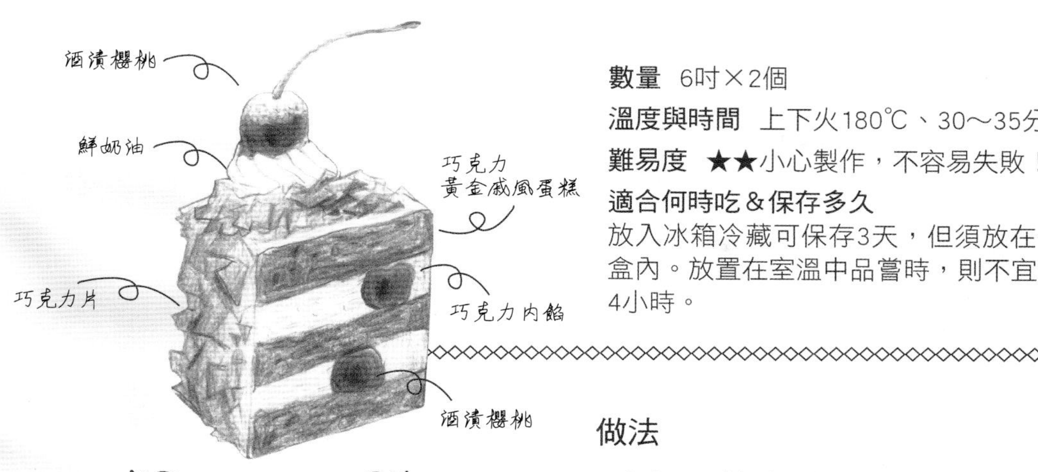

數量 6吋×2個

溫度與時間 上下火180℃、30～35分鐘

難易度 ★★小心製作，不容易失敗！

適合何時吃&保存多久

放入冰箱冷藏可保存3天，但須放在保鮮盒內。放置在室溫中品嘗時，則不宜超過4小時。

材料

巧克力黃金戚風蛋糕

奶油(室溫變軟)	90g.
鮮奶	30g.
水	60g.
可可粉	30g.
低筋麵粉	120g
蛋黃	150g
蛋白	300g.
塔塔粉	1小撮
細砂糖	130g.

巧克力醬

65%巧克力(切碎)	150g.
鮮奶油	100g.
櫻桃酒	10g.

組合&外部裝飾

鮮奶油	600g.
巧克力片	100g
酒漬櫻桃	100g.
鮮奶油	200g.

做法

巧克力黃金戚風蛋糕
Chocolate Chiffon Cake

1

奶油加熱至沸騰，加入所需的水及鮮奶後離火。

2

再加入過篩好的可可粉，快速拌勻成可可奶。

3

加入麵粉及蛋黃仔細拌勻成可可麵糊，此時溫度需保持在40℃。

4

打發蛋白：
另取一鍋，先將蛋白和塔塔粉以網狀攪拌器高速攪打至蛋白呈現乳白狀。

5

加入糖，持續以高速攪拌至至蛋白撈起時，尖端會往下垂的濕性發泡（又稱7分發）。

6

分2次將蛋白糖加入可可麵糊中輕拌。

7

倒入模型中至約8分滿，放入烤箱，以180℃烤約30～35分鐘。取出倒扣徹底放涼後始可脫膜。

製作巧克力醬Ganache

8

先將鮮奶油煮沸，倒入巧克力內。

9

用均質機均質，讓麵糊的質地更細緻。

10

加入酒拌勻即成巧克力醬。

組合Mix

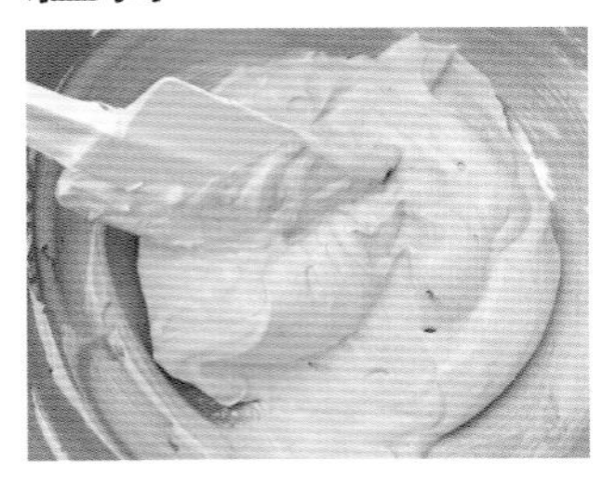

11

打發600g.鮮奶油，拌入巧克力醬，做成巧克力鮮奶油。

12

將放涼的蛋糕脫膜後橫切成三等份，先取一片鋪上巧克力鮮奶油和酒漬櫻桃。

13

覆上第2片，同樣夾入巧克力鮮奶油和櫻桃，再蓋上第3片。

14

打發200 g.鮮奶油，將蛋糕放置於轉檯中心，以抹刀將鮮奶油鋪滿整個蛋糕表面。

15

用刮板將巧克力片均勻裝飾在蛋糕表層及側面。

16

將鮮奶油裝入擠花袋中，以鋸齒狀口花嘴擠出奶油花於表層，點綴酒漬櫻桃即成。

Oui, Chef!
重點提示

1.蛋糕取出倒扣徹底放涼後才能脫模，熱時脫模容易造成蛋糕體側邊凹陷。
2.所謂黃金戚風蛋糕，跟戚風不同之處顧名思義就是加了黃金，即是將黃澄澄的奶油取代了沙拉油，吃起來口感更香更豐厚。
3. 均質機是相當好用的西點工具，拿來拌勻麵糊奶油糊等，會讓麵糊的質地變得極細緻，使巧克力及奶香味完全釋放、烘烤後的成品口感更綿密。
4. 以鮮奶油裝飾蛋糕抹面的技巧，請參考P.12。
5. 在步驟15裝飾巧克力碎片時要以軟式刮板鋪上，不要以手，以防手上的溫度讓巧克力碎片融化。

正宗的黑森林蛋糕

德國對黑森林蛋糕的製作有嚴格的要求，在2003年的國家糕點管理法中規定：黑森林蛋糕必須是櫻桃酒奶油蛋糕，蛋糕餡是奶油，也可以加櫻桃，但加入櫻桃酒的量必須能夠明顯品嘗得出酒味。蛋糕底則至少含3%的可可，蛋糕外層用奶油包裹，並用巧克力碎末點綴。在德國銷售的蛋糕，只有滿足以上條件，才稱得上是「黑森林櫻桃蛋糕」。

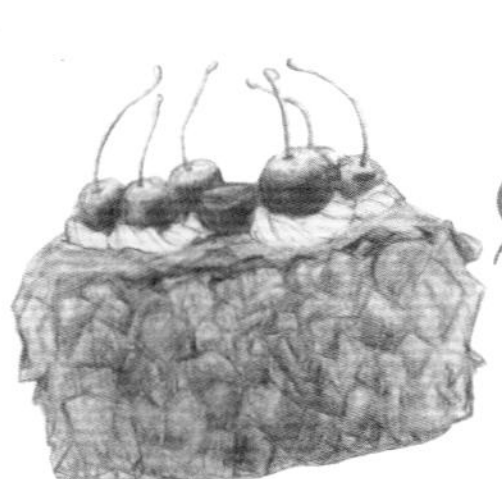

Schwarzwaelder Kirschtorte

關於 黑森林蛋糕

國家 德國
製作順序 蛋糕→巧克力醬→組合
主原料 奶油、巧克力、櫻桃、鮮奶油
由來
位於德國西南方的黑森林，為一處旅遊勝地，當地盛產櫻桃，早期每當櫻桃豐收時，當地的居民就以櫻桃製作蛋糕，於是有了黑森林蛋糕(Schwarzwaelder Kirschtorte)這個名詞，在德文原名裡Schwarzwalder即為黑森林，而Kirschtorte則是櫻桃(Kirsch)和蛋糕(Torte)。其實早期的黑森林蛋糕並沒有包含巧克力的意思。約在1915年時一家咖啡店的糕餅師發明了用奶油+櫻桃+巧克力所組成的蛋糕，並用櫻桃酒增加奶油的香氣，而有了現在廣受歡迎的黑森林蛋糕。

傳統
黑森林配方

份量：8吋×2個

巧克力蛋糕

全蛋	8個
蛋黃	4個
細砂糖	240g.
低筋麵粉	240g.
可可粉	40g.
玉米粉	40g.
奶油	80g.

糖漿

細砂糖	200g.
水	100g.
櫻桃酒	100g.

裝飾

鮮奶油	500g.
巧克力	250g.
櫻桃	適量

- 傳統的黑森林蛋糕配方中加入了比較多的麵粉，質地較紮實。而我們這道典藏黑森林則是以黃金戚風蛋糕做為蛋糕體。口感鬆軟濕潤，是大人小孩都喜歡的口味。
- 在夾層的部分，傳統的配方只以糖漿入味，較甜膩；改良的配方加入了65%的碎巧克力，讓整片蛋糕的口感擁有更多層次的變化。

Sacher Torte

奧地利沙哈

巧克力，就是巧克力；從蛋糕主體到內餡到淋醬，

都是以巧克力為基調，

一入口就能感受巧克力的獨特魅力。

適合冬日午後窩在家裡，舒舒服服地品嘗。

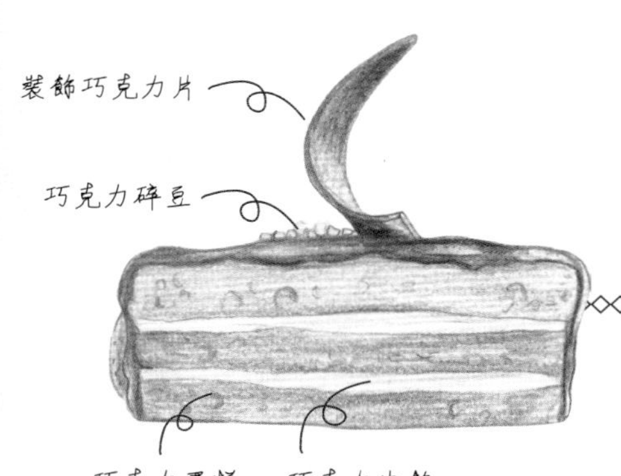

數量 6吋×2個

溫度與時間 上下火180℃、40分鐘

難易度 ★★小心製作，不容易失敗！

適合何時吃&保存多久
此蛋糕可放在室溫約6小時，如從冰箱取出須先回溫30分鐘再品嘗較可口。

材料

巧克力戚風蛋糕

奶油(室溫變軟)	180g.
細砂糖	50g.
蛋黃	210g.
53%巧克力	250g
蛋白	420g.
塔塔粉	少許
細砂糖	225g.
低筋麵粉	180g.

巧克力內餡

鮮奶油	300g.
蛋黃	130g.
細砂糖	110g.
70%巧克力	210g.
巧克力酒	60g.

巧克力淋醬

吉利丁片(冰水泡軟)	2片
水	55g.
鮮奶油	50g.
細砂糖	60g.
可可粉	24g.

做法

製作巧克力蛋糕
Chocolate Cake

1 奶油和50g.細砂糖拌勻，分次加入蛋黃，攪拌至成絨毛狀。

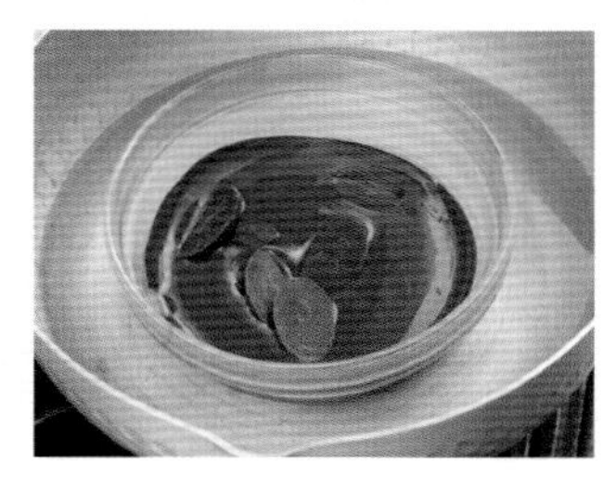

2 巧克力隔水融化至約50℃。

3 將巧克力加入奶油蛋黃糊中拌勻成巧克力蛋糊。

4 **打發蛋白**：另取一鍋，先將蛋白和塔塔粉以網狀攪拌器高速攪打至蛋白呈現乳白狀。加入225g.糖，持續以高速攪拌至蛋白撈起時，尖端會往下垂的濕性發泡(又稱7分發)。

5 分次將蛋白部分加入巧克力蛋糊中拌勻，同時加入低筋麵粉攪拌均勻。倒入模型後即可送入烤箱。

製作巧克力內餡
Crème au chocolate

6

鮮奶油打發備用。

7

蛋黃與細砂糖以網狀攪拌器攪拌到顏色變淡、呈現淡黃色，此時撈起的蛋液往下垂時可以畫出8字型，短時間不會消散為準。

8

巧克力隔水融化，倒入鮮奶油中拌勻。與蛋液拌勻。最後加入巧克力酒，即成巧克力內餡。

製作巧克力淋醬
Glaçage au Chocoalte

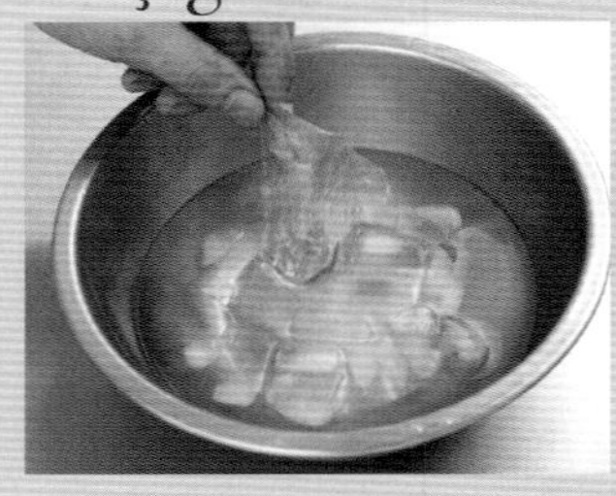

9

吉利丁片以冰水泡軟後瀝乾水分。

10

其他所有材料放入鍋中煮沸離火。

11

加入泡軟的吉利丁片攪拌均勻即可。

組合Mix

12

巧克力蛋糕放涼後，橫切成三等份，一一放入適量的巧克力內餡。

13

外表再塗抹些許巧克力內餡，放入冰箱冷凍約1小時。

14

最後塗上巧克力淋醬及裝飾表面。

1. 在步驟1中，蛋黃要分次加入奶油中，才不會有油水分離的情況。
2. 煮巧克力淋醬(甘那許)時需要留意溫度，若溫度過高，動物性鮮奶油可能會煮焦，且容易造成巧克力油水分離的現象。因此在煮時，務必使用小火慢慢加熱，不可心急。最後組合的時候，巧克力淋醬不可過熱、也不可過涼，若太涼會冷凝而不易塗抹，淋醬也不宜過稀，太稀薄會蓋不住蛋糕表面。當巧克力淋醬抹在蛋糕上後，最好能迅速一次就把巧克力抹平，要不然巧克力會越來越凝結，當凝結後想要抹平就很難了。

關於沙哈

國家 奧地利
製作順序 巧克力蛋糕→巧克力醬→淋面→組合
主原料 奶油、巧克力
由來
這是奧地利國寶級的尊貴甜點，相傳約1832年時，由法蘭茲沙哈(Franz Sacher)廚師所發明，當時的奧國親王品嘗後讚譽有加，於是以廚師的姓氏為這道甜點命名。據說這是歐洲最經典的蛋糕，也是世界上第一個問世的巧克力蛋糕；法蘭茲沙哈家族後來成立了赫赫有名的沙哈飯店(Hotel Sacher)，飯店裡面的沙哈咖啡館(Café Sacher)，就以專門供應正統沙哈蛋糕為號召。然而奧地利另一家知名的德梅爾咖啡館(Café Demel)也以沙哈蛋糕為招牌，並堅稱法蘭茲沙哈原來是在他們店內當學徒，蛋糕配方是源自店裡；另一種說法，則是沙哈家族的人偷偷的將配方賣給了德梅爾，而鬧了雙包案；兩家為了爭奪誰才是正宗的沙哈蛋糕，而對簿公堂，官司纏訟多年，最後判定沙哈咖啡館是沙哈蛋糕的始祖(Original)，而德梅爾也不算敗訴，仍然可以繼續販售沙哈蛋糕。這場有名的官司使得沙哈蛋糕聲名大噪，兩家的差別在於沙哈咖啡館的Original Sacher-Torte是在鬆軟綿密的巧克力海綿蛋糕中間，夾上一層杏桃醬，而德梅爾的Sacher-Torte則是中間沒有夾層，是在表層均勻抹上杏桃醬，再塗上巧克力淋醬。

傳統沙哈配方

份量：6吋×1

巧克力蛋糕

蛋黃	2個
細砂糖	70g.
奶油	30g.
可可粉	20g.
低筋麵粉	15g.
玉米粉	20g.
蛋白	2個
細砂糖	20g.

內餡

杏桃果醬	適量

批覆

巧克力	240g.
鮮奶油	240g.
奶油	45g.

傳統的沙哈蛋糕，由於外圍的巧克力醬，加上以杏桃果醬做內餡，甜味十足。改良的配方以53%和70%巧克力組合，讓巧克力不會太甜，且口感更有層次。

L'Opera 巴黎歌劇院

品嘗一口充滿巴黎風味的歐培拉，
讓人想隨著音符漫舞在香榭大道上。
層層疊疊堆積著的甜蜜口感，
彷彿一整天都洋溢著浪漫的法式風情。

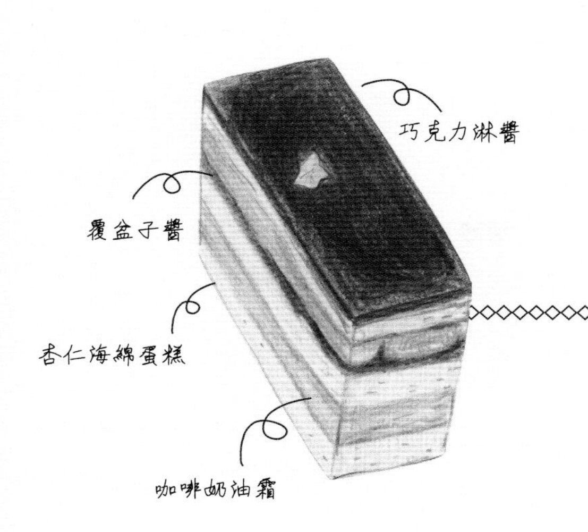

數量 15cm×10cm×1盤

溫度與時間 上下火180℃、10分鐘

難易度 ★★★多加練習，就能成功！

適合何時吃&保存多久
此蛋糕可放在室溫約6小時，如從冰箱取出須先回溫30分鐘再品嘗較可口，可搭配紅茶或水果茶。

材料

杏仁海綿蛋糕

全蛋	120g.
蛋黃	60g
糖粉	150g.
杏仁粉	150g.
蛋白	260g.
細砂糖	100g.
低筋麵粉	160g

咖啡奶油霜

鮮奶	200g.
香草棒	1支
全蛋	3個
細砂糖	130g.
奶油(室溫變軟)	500g.
咖啡酒	100g.

糖酒水

細砂糖	200g.
水	200g.
香草棒	1支
香橙酒	100g.

巧克力醬

64%巧克力	300g.
鮮奶油	200g.
櫻桃酒	30g.

內餡

覆盆子醬	少許

做法

製作杏仁海綿蛋糕體
Pâte à Biscuit à L'amande

1

請參照P.16做法製作蛋糕體，以180℃烤約10分鐘後，取出放涼。

製作咖啡奶油霜
Crème au Café

2

香草豆莢+鮮奶+細砂糖放在鍋中煮沸，離火後取出豆莢、加入全蛋再次加熱。邊煮邊快速攪拌至85℃。

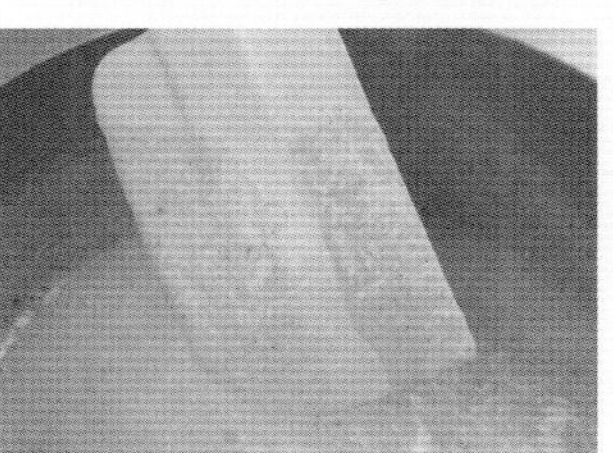

3

離火後持續攪拌至冷卻。

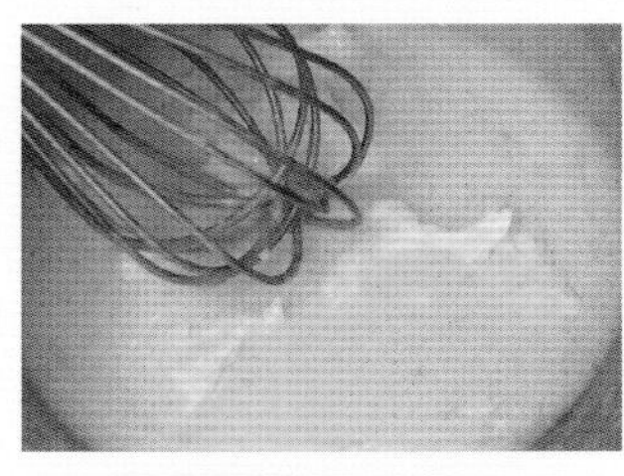

4

加入室溫軟化的奶油拌至絨毛狀。

5

倒入咖啡酒，拌至柔軟狀即可。

製作糖酒水 Sirop

6

香草豆莢+細砂糖+水煮沸，待冷後取出豆莢，加入香橙酒拌勻。

製作巧克力醬 Ganache

7

鮮奶油煮沸，倒入巧克力內，以均質機均質後，加入酒拌勻即成巧克力醬。

組合 Mix

8

裁切出所需大小的3片蛋糕。每片蛋糕刷上糖酒水。

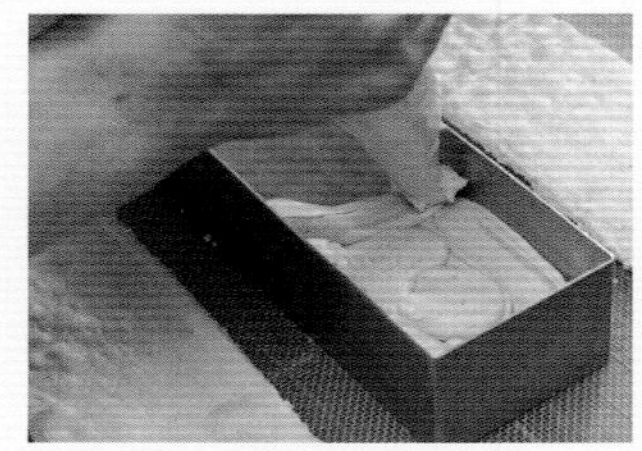

9

第一片蛋糕上塗上咖啡奶油霜，抹平；放上第二片蛋糕。

10

第二片蛋糕上先抹上少許覆盆子醬，再塗上咖啡奶油霜。

11

放上最後一片蛋糕後，表面抹上巧克力淋醬即成。

Oui, Chef! 重點提示

1. 巴黎歌劇院由於層次較多，在每一層的組合上都需把內餡抹平，再放上蛋糕壓平。
2. 香草棒的使用方法，請參考P. 10。

關於巴黎歌劇院

國家 法國
製作順序 蛋糕→內餡→糖酒水→巧克力醬
主原料 杏仁、咖啡酒、巧克力、覆盆子
由來
關於歐培拉的起源有許多不同版本；最富盛名的說法認為，這原是法國一家咖啡店所研發出的人氣甜點。因為店址位在歌劇院旁，所以喚名為Opera。還有一種說法則認為，歐培拉蛋糕最先創制於1890年開業的甜點店Dalloyau，由於形狀正正方方，表面還淋著一層薄薄的巧克力，平滑的外表就像歌劇院內的舞台，多層次的味道則像是跳躍的音符，最後以金箔襯托出華麗感，因此而得名。
傳統的歐培拉蛋糕有七層，包括表層覆蓋著濃郁的法國頂級巧克力（第1層）、香醇的純正咖啡奶油霜（第2層）、紮實的咖啡漬杏仁蛋糕體（第3層）、巧克力餡（第4層）、接下來重複著杏仁蛋糕（第5層）、咖啡奶油（第6層）和巧克力（第7層），最上面還有金箔裝飾。
傳統的法國西點師傅會在蛋糕上寫上了自己的名字或者Opera，也有人在上面畫個五線譜音符，但無論是哪一款設計都充滿了音樂、歌劇院的色彩。

傳統
巴黎歌劇院配方

份量：20cmx20cmx1盤

杏仁蛋糕

全蛋	8個
細砂糖	280g.
奶油	80g.
低筋麵粉	280g.

內餡

全蛋	4個
蛋黃	4個
細砂糖	280g.
水	100g.
奶油	400g.

糖液

細砂糖	300g.
水	100g.
咖啡酒	100g.
濃縮咖啡	50g.

在蛋糕部分傳統的配方較紮實，改良的新配方加入了蛋白，口感較清爽。且內餡部分加入了酸甜的覆盆子醬，使視覺與味覺都能達到平衡。

Madeleine

瑪德蓮蛋糕

據說瑪德蓮是啟發法國大文豪
普魯斯特寫作的靈感泉源，這款小巧美麗的貝殼
也正是最能代表法國的甜點之一。
來試試難度不高的小瑪德蓮吧，
或許吃著吃著，我們也文思泉湧了起來。

數量 40個

溫度與時間
180℃、烤焙約25分鐘

難易度 ★簡單
新手也很容易成功！

適合何時吃＆保存多久
可放常溫保存，亦可加熱食用，適合搭配咖啡或紅茶。

材料

奶油	180g.
全蛋	200g.
細砂糖	150g.
二砂糖	40g.
蜂蜜	30g.
橘子皮屑	1個量
檸檬皮屑	1個量
低筋麵粉	180g.
泡打粉	5g

做法

1

奶油直接融化備用。

2

全蛋+細砂糖+二砂糖+蜂蜜+低筋麵粉攪拌均勻。

3

倒入融化的奶油拌勻。蓋上保鮮膜，放入冰箱冷藏一晚。

4

以擠花袋擠入麵糊至模型中，至約九分滿。即可放入烤箱烘焙。

Oui, Chef!
重點提示

1. 刮檸檬皮屑和橘子皮屑時，不要刮到白色的部份，會苦。
2. 此麵糊需前一晚攪拌完成，如此使得麵糊的流性減少味道能被鎖住。
3. 這裡是用矽膠膜代替傳統的鐵製模型，脫膜較方便。

關於瑪德蓮

國家 法國
製作順序 攪拌→烘烤
主原料 奶油、蜂蜜、檸檬
由來
十八世紀初，法國的洛林公爵在某次宴會時，因為甜點師傅與大廚吵架，憤而離去，一位名叫瑪德蓮的侍女為顧全大局便利用她祖母的配方自告奮勇烤了一大盤小蛋糕上桌，誘人的香氣與恰到好處的色澤讓賓客紛紛叫好，公爵便將這款點心命名為「瑪德蓮」。其傳統的貝殼外型一直流傳至今，全世界的甜點迷都知道有這道迷人的貝殼法式點心。

傳統瑪德蓮蛋糕配方

份量：約30個

全蛋	100g.
細砂糖	75g.
蜂蜜	25g.
麵粉	100g.
玉米粉	30g.
泡打粉	4g
鮮奶	160g.

新配方加入橘子皮屑及檸檬皮屑，讓蛋糕更能增添香氣。並拿掉原有的玉米粉，使口感較柔軟。

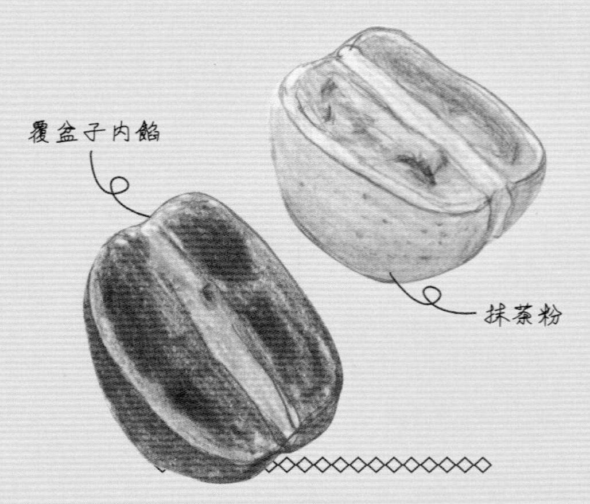

數量 20個

溫度與時間
上下火150℃，20分鐘。

難易度 ★★★多加練習就能成功！

適合何時吃＆保存多久
密封包裝不使受潮可以保存相當久（不過還是剛冷卻時最好吃，外脆裡黏牙的口感最明顯），放冷凍可保存10天， 品嘗時須回溫20分鐘，建議搭配無糖咖啡或紅酒，以幸福的心情享用。

材料

餅皮

杏仁粉	250g.
糖粉	250g.
蛋白	90g.
細砂糖	250g.
水	100g.
蛋白	90g.
塔塔粉	1小撮
黃色4號色粉	1小撮

水果內餡

★奶油霜	450g.
覆盆子果泥	60g.

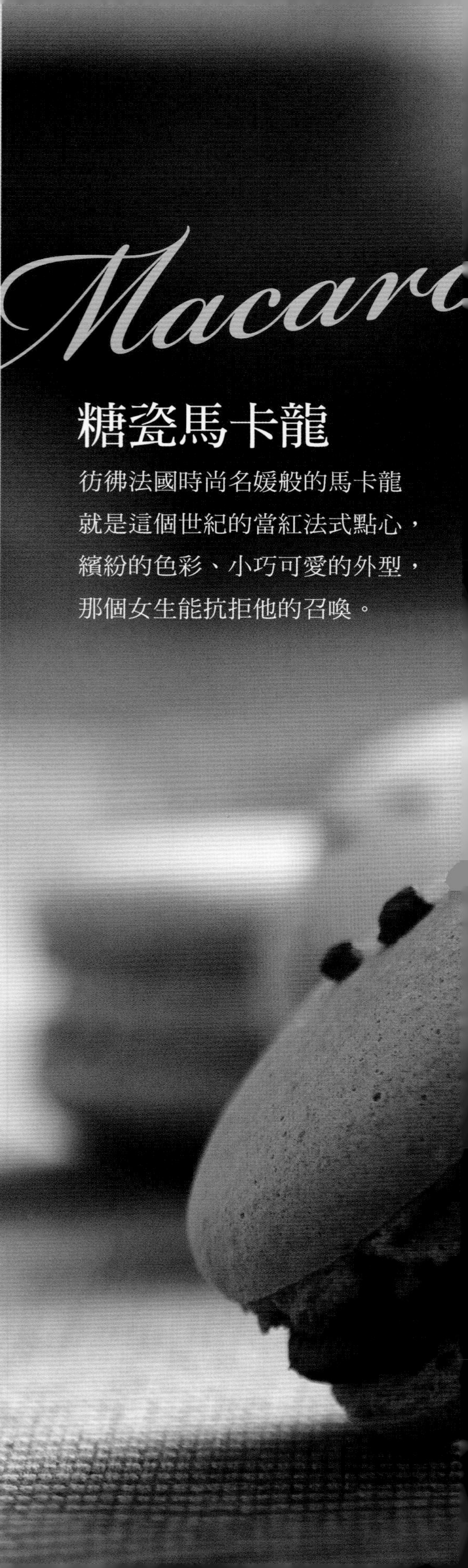

糖瓷馬卡龍

彷彿法國時尚名媛般的馬卡龍
就是這個世紀的當紅法式點心，
繽紛的色彩、小巧可愛的外型，
那個女生能抗拒他的召喚。

做法

製作餅皮 Les Pâtes

1

拌勻杏仁粉+糖粉，加入蛋白拌勻成杏仁糊備用，要拌到完全沒有結塊或大顆粒。

2

細砂糖+水煮到120℃。

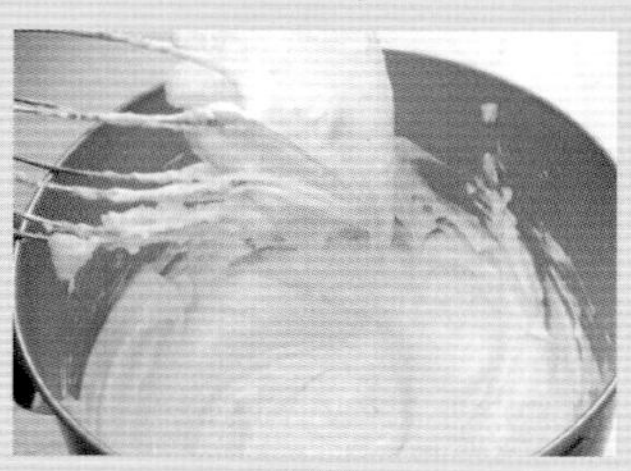

3

另取一攪拌盆，放入塔塔粉+蛋白，快速倒入糖水，打發成濕性發泡。

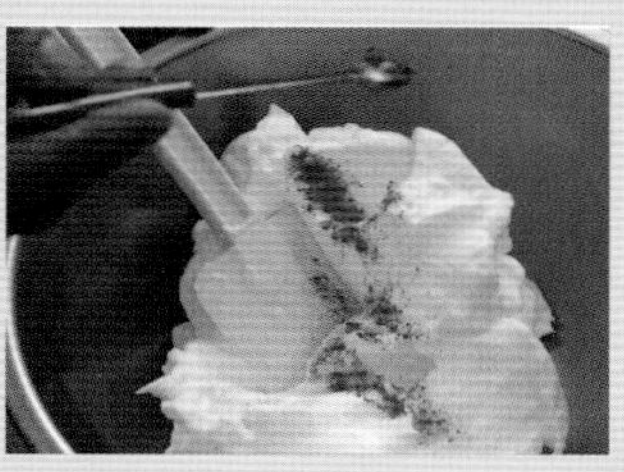

4

拌入色粉，攪拌均勻。

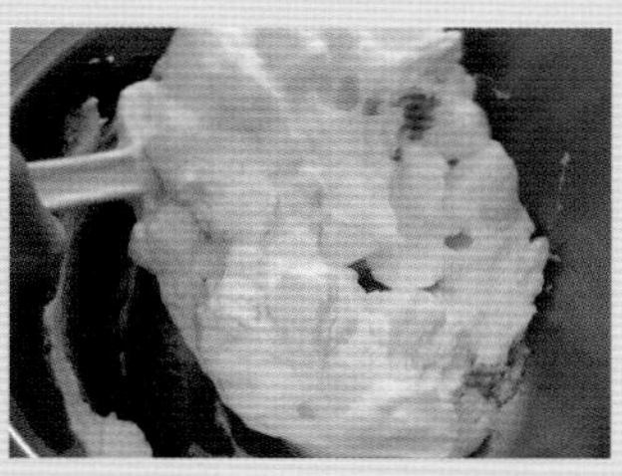

5

加入杏仁糊中拌勻，以橡皮刮刀徹底拌勻。

6

烤盤墊上矽膠布，以平口花嘴擠上直徑約2.5公分的麵糊，靜置一段時間。至表皮不沾手，即可放入烤箱烤焙。

製作水果內餡 Crème au fruits

7

參照P.20做法製作製作奶油霜。

8

加入液態的覆盆子水果泥。

9

拌勻即成水果內餡。

組合Mix

10

麵皮冷卻後，取同樣大小的麵皮，中間放入內餡輕壓使其平整即成。

Oui, Chef! 重點提示

1. 杏仁粉必須要過篩到完全沒有顆粒再使用，才能讓成品表面光滑。
2. 杏仁糊和蛋白霜混合時，攪拌須同一方向，用刮板攪拌使其內部空氣鎖住。攪拌也不宜過久，太久會使麵糊空氣流失，而造成麵糊過稀。
3. 在步驟5中，黃色的色粉未受潮前是紅色的，越攪拌色越黃。可依自己喜好調整馬卡龍的顏色及味道。這裡是添加色粉，也可以使用色膏。但使用乾燥的色粉較容易成功，因為馬卡龍麵糊的材料以乾性材料為主，所以在製作過程中要盡量將水分成分減至最低較容易操作。

黃色4號色粉在大型材料行可買到。

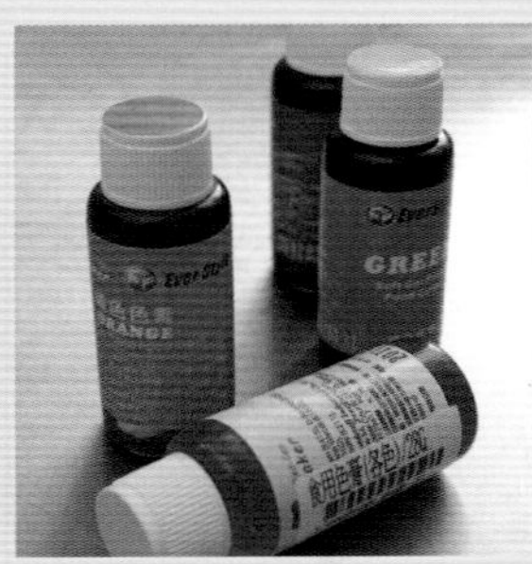

食用色膏在一般材料行都買得到。

Macaron

4. 擠好的麵糊需靜置到表皮不沾手，再放入烤箱。檢查看看，表面如有氣泡要戳破。
5. 烤盤上一定要襯矽利康墊，才可隔絕底火，成功的製造出馬卡龍底部美麗的蕾絲裙。因馬卡龍屬於麵糊類比較濕，矽利康墊較厚抓地力較強，如果用烤盤紙則容易變形不圓滑。
6. 若讀者家中有旋風烤箱，烤焙馬卡龍、牛角麵包、餅乾、泡芙等篷鬆類點心，可以烤得很香酥。

關於馬卡龍

國家 法國
製作順序 餅皮→內餡→組合
主原料 杏仁粉、糖粉、蛋白
由來

這是一種很古老的糕點，早在中世紀時便在歐洲出現，也有傳說馬卡龍是義大利人發明的，西元八世紀末，許多修道院都會做這種「外形像修道士肚臍」的蛋糕。當時的外表有如餅乾，一直到十九世紀才被改良為光滑的外表。而Macaron名字也譯成少女的酥胸，正象徵其外表吹彈可破。

五、六年前馬卡龍在法國以外還是默默無名，但現在卻全球熱賣，應歸功於當今紅極一時的糕點師傅Pierre Hermé。原因在於1997年，Pierre Hermé跳槽到百年糕餅老店Ladurée，他把店裡原來單調的macaron當作時裝一樣的包裝出色彩繽紛的外貌、以及製造出新奇的味覺，經過廣大的宣傳，macaron於是在短時間內大受歡迎。據Ladurée的網頁文宣介紹，該店每年售出的馬卡龍多達135噸，即平均每天賣370公斤，數量之多實在有點令人難以置信。

傳統馬卡龍配方

份量：約20個

蛋白	180g.
細砂糖	300g.
杏仁粉	250g.

- 傳統的馬卡龍表皮龜裂，口感比較像餅乾。
- 改良的配方利用煮過的砂糖，讓表皮的組織更細緻，有點黏又不會太黏。內餡部分利用果泥調味，更添果香清新味。

這是一道充滿驚喜的甜點，
輕咬一口，巧克力餡瞬間在口中蔓延開來，
濃醇的滋味，停留在口中久久不散去，
就像熱戀中的情侶，濃得化不開。

Fondant au Choco

數量
直徑5cm×8cm×5個

溫度與時間
200℃，20分鐘

難易度 ★★小心製作不容易失敗！

適合何時吃&保存多久
此點心屬於熱點心，品嘗時需先微波加熱，但時間不宜太久，強火約20秒即成，可搭配冰淇淋一起食用。

材料

蛋糕

53%巧克力	125g.
奶油	130g.
全蛋	110g.
細砂糖	80g.
低筋麵粉	70g.
檸檬皮屑	1個量

內餡

★巧克力醬	130g.
紅色水果	40g.

裝飾

開心果	適量

做法

製作內餡 Ganache

1
製作巧克力醬備用，做法請參照P.21製作。

製作蛋糕體 Biscuit

2
奶油以隔水加熱融解(也可用微波爐慢慢加熱)，加入檸檬皮屑拌勻。

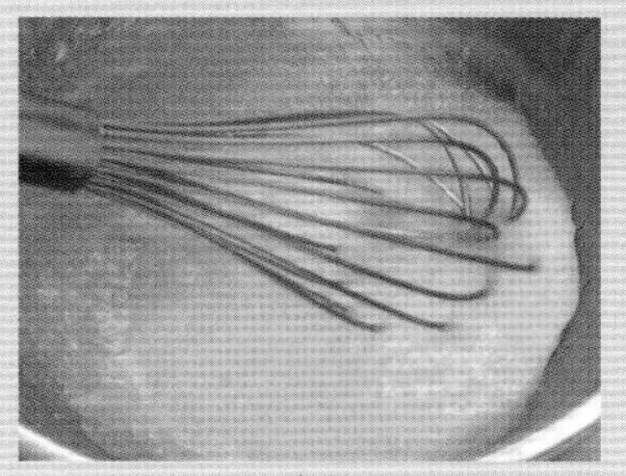

3
另取一盆，全蛋+細砂糖拌勻成蛋液。

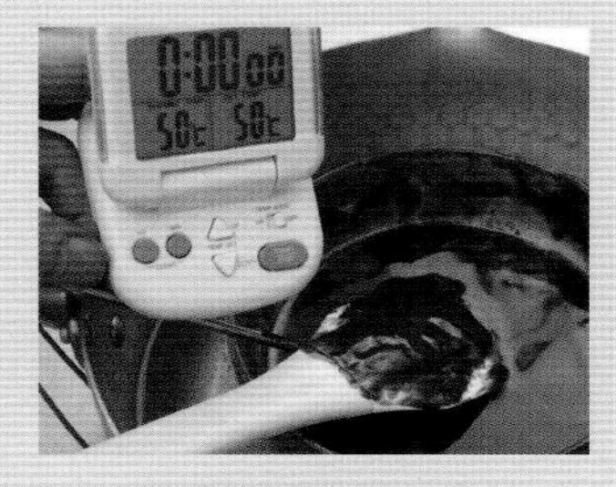

4
巧克力隔水加熱融解為巧克力液，溫度為50℃。

5
巧克力液+低筋麵粉拌勻。

6
再加入奶油和蛋液等，拌勻成為巧克力麵糊。倒入模型內至1/2高。

組合Mix

7

巧克力醬煮好冷卻後，挖成每球約20g.，每一份包覆1～2枚紅色水果備用。

8

每個模型中放入1份巧克力醬和紅色水果。

9

最後倒滿巧克力麵糊，表面放少許開心果裝飾後即可入烤箱。以200℃烤焙約20分鐘。

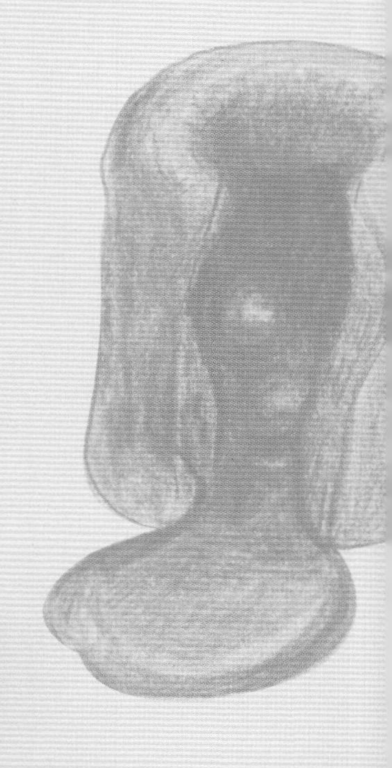

Oui, Chef! 重點提示

1. 要注意巧克力融化的溫度，不可以超過50℃。
2. 步驟3的全蛋不可打發，只需要將糖打散就可以了。
3. 模型內需先放入烤盤紙，紙張要高出模型約2公分，可使蛋糕烤好時外型較完整。
4. 這道蛋糕烤完要趁熱吃，否則中心會慢慢變硬、火山熔岩的感覺就消失了。若在常溫下食用時，需先微波加熱約30秒。

Fondant au Chocolate

關於火山岩漿蛋糕

國家 法國
製作順序 巧克力醬→巧克力蛋糕
主原料 巧克力、雞蛋
由來
這是法國料理的傳統點心之一，據說有個法國廚師某次不小心把巧克力蛋糕烤成半生不熟，懊惱之餘，拿起原本要丟掉的巧克力蛋糕嘗了嘗，卻發現這半生不熟的巧克力蛋糕出奇地好吃，而流傳至今。從名字即可得知這是熱食甜點的代表作，食用前須微波加熱，內部巧克力會有如岩漿般的順流而下。

傳統火山岩漿蛋糕配方

份量：5cm×8cm×3個

巧克力	125g.
全蛋	4個
細砂糖	30g.
杏仁粉	50g.
奶油	125g.

- 改良後的配方利用不同比例巧克力的不同風味，增加其口感。
- 且在巧克力醬內包覆水果，讓味蕾層次更為豐富。

Pâte à Choux

泡芙

脆脆的外皮搭配滑順的克林姆醬，
讓人一口接著一口，停不下來。
這時候來杯奶茶或紅茶，就是個簡單的下午茶囉。

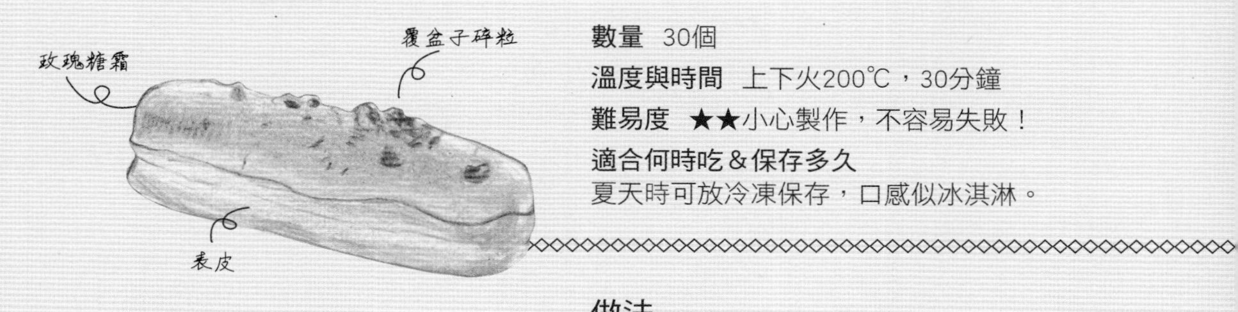

數量 30個
溫度與時間 上下火200℃，30分鐘
難易度 ★★小心製作，不容易失敗！
適合何時吃&保存多久
夏天時可放冷凍保存，口感似冰淇淋。

材料

表皮

水	250g.
奶油	200g.
低筋麵粉	250g.
全蛋	8個

克林姆醬

鮮奶	250g.
細砂糖	60g.
香草棒	1/2支
蛋黃	40g.
玉米粉	20g.
奶油(切丁)	135g.
檸檬皮屑	1個量

做法

製作表皮Les Pâtes

1
水+奶油煮至沸騰，加入麵粉攪拌到鍋底呈現一層薄膜，離火。

2
待麵糊稍降溫後分次加入蛋，攪拌至濃稠狀。

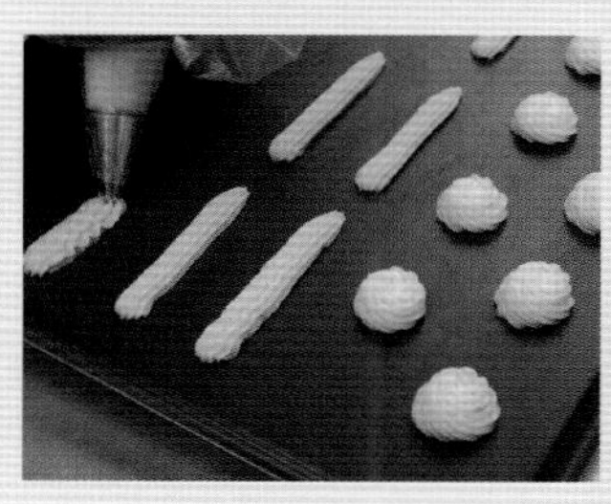

3
選用齒狀花嘴，依自己喜好擠成長條狀或圓球狀放在烤盤上。即可送入烤箱。上下火200℃，30分鐘。

製作克林姆醬
Crème Pâtissière

5
參照P.20製作克林姆醬。

組合Mix

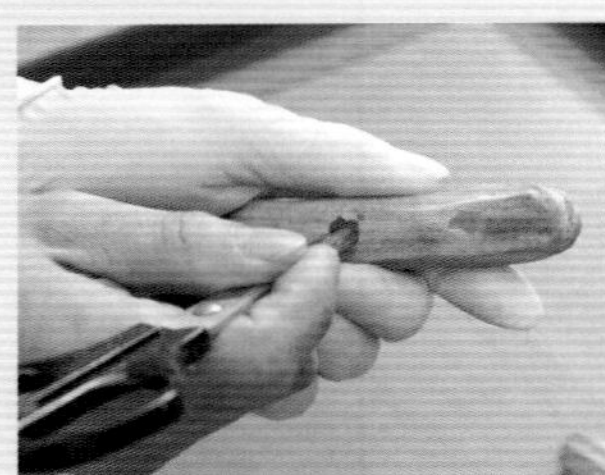

6
將烤焙好的長形及圓形泡芙底部搓個小洞。

7
擠入適當的內餡。

8
表面可依自己喜好沾黏巧克力或其他餡料。

Oui, Chef! 重點提示

1. 在步驟2加入蛋時需分次加入攪拌，每次都攪拌均勻後再繼續加蛋攪拌，直到全部蛋加完且拌勻為止；需注意麵糊的稠度，不可過稀否則麵糊無法成型。
2. 表皮麵糊放入烤箱前先噴些水，可以讓麵糊表面在烤箱中形成熱氣，較濕潤，較容易膨脹。
3. 進入烤箱後20分鐘內不可以打開爐門，否則表皮會失去膨脹力。
4. 內餡可隨自己喜好加入不同味道，如檸檬、橘子、酒類等。

圓形泡芙V.S閃電泡芙V.S奶油空心餅

除鬆軟外殼的圓形泡芙CHOU外，我們這次製作的是長形泡芙，又叫做Eclair，相對於圓形泡芙，就是製作時將麵糊擠成長條狀，由中間切開或底部挖洞擠餡，也可直接將餡料淋在上面。Eclair意指閃電，意思是因為好吃所以在短時間內就被吃光光，現在這個名詞也成為奶油餡細長形點心的代名詞。而一般沒填餡的泡芙叫做奶油空心餅。填完餡的泡芙則依不同的餡來稱呼，例如香草泡芙，巧克力泡芙等。

關於泡芙

國家 義大利

製作順序 攪拌→烘焙→煮內餡→組合

主原料 水、全蛋、鮮奶、玉米粉等

由來

傳說由十六世紀義大利梅狄奇家族（Catherine de medicis）的廚師從義大利流傳至法國，相傳奧地利的哈布斯王朝和法國的波旁王朝，在凡爾賽宮內舉行婚宴，泡芙就是這場兩國盛宴的壓軸甜點，因而流行開來。因此，泡芙在法國成為象徵喜慶的甜點，在節慶、典禮場合，如嬰兒誕生或新人結婚時，都習慣將泡芙沾焦糖後，堆成泡芙塔來祝賀。泡芙的中文名稱是英文Puff的譯音。

傳統泡芙塔配方

份量：30個

表皮

水	250g.
奶油	100g.
低筋麵粉	200g
全蛋	4個

內餡

鮮奶	250g.
細砂糖	60g.
香草醬	適量
蛋黃	2個
玉米粉	20g.
低筋麵粉	20g

改良的配方從內餡上將糖分降低，並增加奶油的份量，讓口感更滑順。

Finaciers

金融家

特殊的名稱加上簡約的外型，讓人充滿好奇地想一探究竟；嗯，濃濃奶油中有著醇醇的杏仁風味，細緻溫潤的口感，加上酒漬櫻桃的撲鼻香，原來這就是金磚的味道～

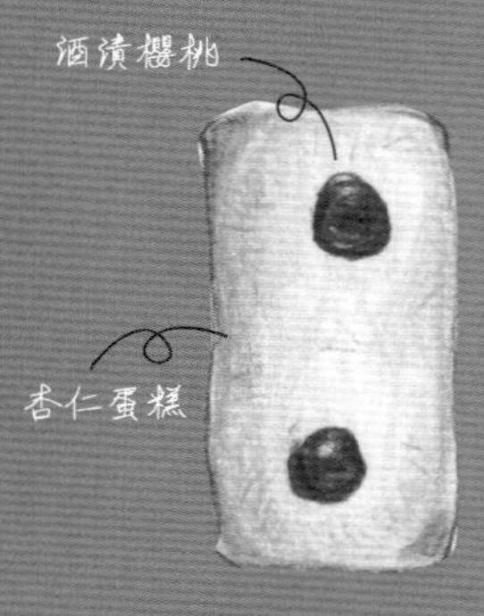

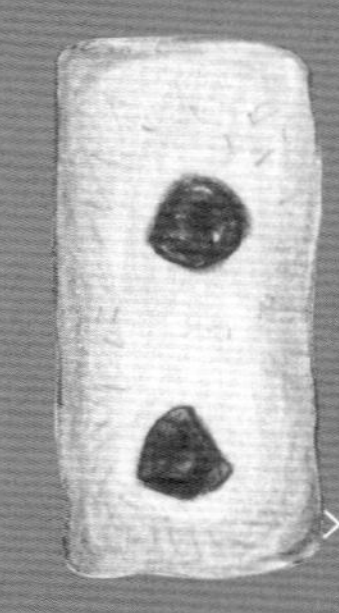

數量 20個

溫度與時間 上下火200℃、20分鐘

難易度 ★簡單，新手也很容易成功！

適合何時吃＆保存多久

屬於常溫點心，也可加熱食用，保存時間約一星期，很適合下午茶搭配紅茶或咖啡食用。

材料

材料	份量
杏仁膏	240g
細砂糖	120g.
蛋白	180g.
低筋麵粉	120g.
奶油	240g.
酒漬櫻桃	40顆

做法

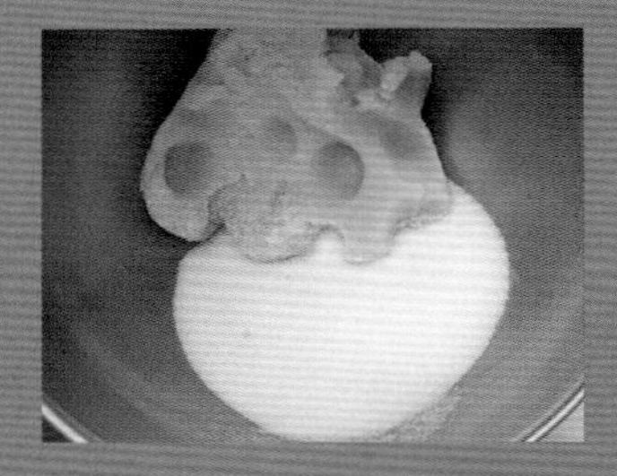

1 杏仁膏先微波加熱軟化，拌入細砂糖。

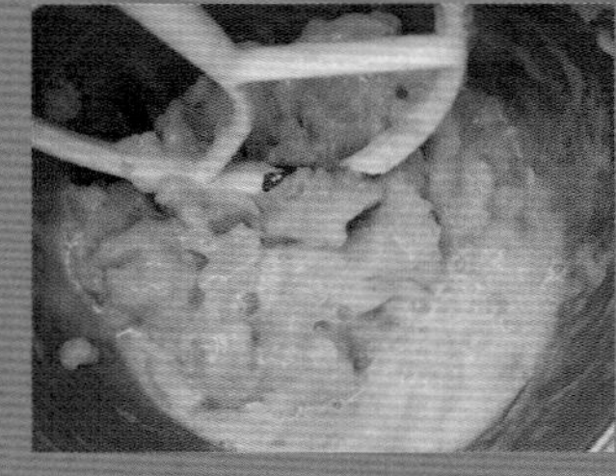

2 拌勻後，分次加入蛋白拌到無顆粒。

3 加入麵粉，奶油直接融化後加入。

4 放入模型，上面點綴2顆櫻桃，即可進烤箱烤焙。

Oui, Chef! 重點提示

1. 杏仁膏加熱時只要稍微軟化即可。
2. 加入蛋白時需分數次加入，邊加邊拌勻。
3. 烤模選用矽膠模，脫模時較容易。
4. 此點心可變化不同味道，如加入抹茶、巧克力等。

關於金融家

國家 法國
製作順序 攪拌→烘焙
主原料 杏仁膏、奶油、蛋白、麵粉
由來 早在十八世紀即有此點心出現，傳說是位於巴黎證交所附近Saint Denis路上的一家糕餅舖師傅Lasne，為了讓分秒必爭的證券交易員及金融家客戶們能快速且不沾手地享用午茶甜點而創作的一道糕點。由於長型的外表像金條，再加上呈現出金黃色澤故而得名。在法國通常會出現於宴會或是下午茶的點心，可搭配紅酒或咖啡、紅茶食用。有人稱它為金磚蛋糕，也有人直譯為費南雪。除了原創的長方形造型外，現在也有各種形狀的外型，在許多西式喜餅禮盒裡也可見到。

傳統金融家配方

份量：10個

杏仁粉	80g
奶油	150g.
蛋白	3個
糖粉	125g.
低筋麵粉	50g.

選用杏仁膏製做，蛋糕本身會較濕潤，味道較濃郁，放至隔天再品嘗，蛋糕的口感會更綿密。

Crème Brûlée
焦糖烤布蕾

叩！叩！叩！用湯匙把脆脆的焦糖敲開來，
讓綿滑布丁綻放出雞蛋和牛乳的濃醇香，
這是最適合全家人一起品嘗的可口甜品，
親手做幾個獻給最親密的家人吧！

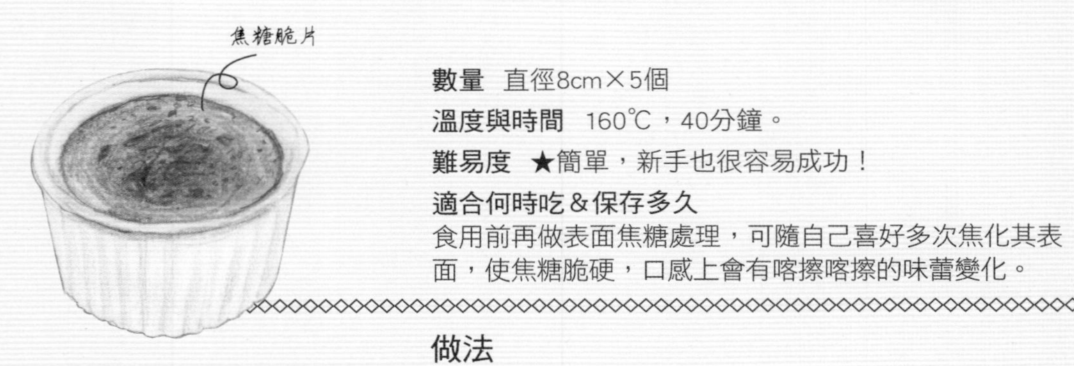

數量 直徑8cm×5個
溫度與時間 160℃，40分鐘。
難易度 ★簡單，新手也很容易成功！
適合何時吃＆保存多久
食用前再做表面焦糖處理，可隨自己喜好多次焦化其表面，使焦糖脆硬，口感上會有喀擦喀擦的味蕾變化。

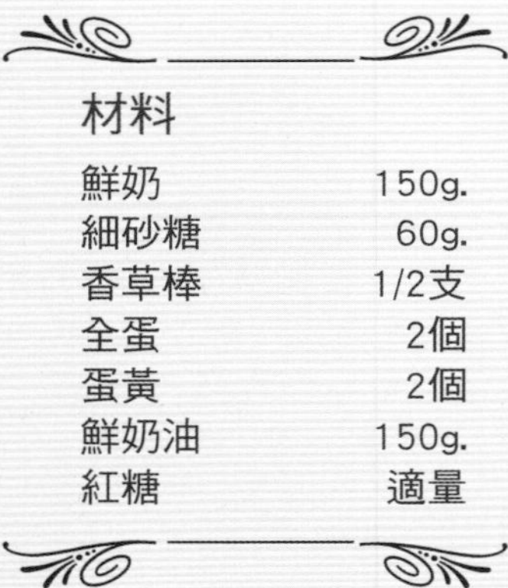

材料

鮮奶	150g.
細砂糖	60g.
香草棒	1/2支
全蛋	2個
蛋黃	2個
鮮奶油	150g.
紅糖	適量

1. 最好前一晚將麵糊攪拌起來放著冷藏，隔日再烤焙，經過冷藏一晚後會使蛋液更濃稠、更好吃。馬德蓮、可麗露的做法也相同。
2. 烤模需選用能耐高溫的容器，如瓷皿等。

做法

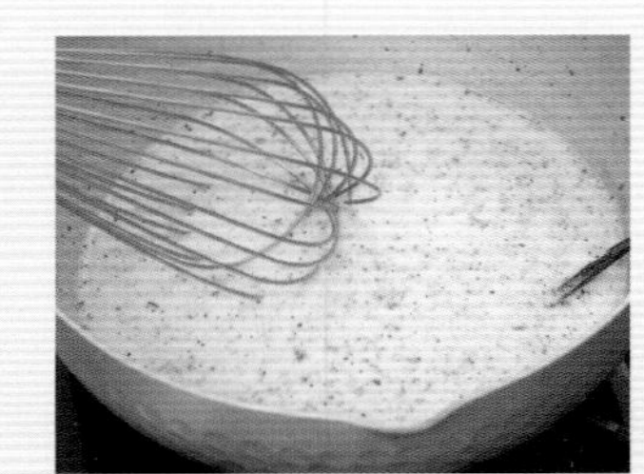

1
香草棒對切，取出香草籽，連同香草豆莢+鮮奶+細砂糖煮沸，待冷卻。

2
全蛋+蛋黃攪散。倒入鮮奶液中，再加入鮮奶油拌勻。

3
入烤箱以160℃隔水烤焙，40分鐘。

4
出爐後待冷卻，表面撒上紅糖，以噴槍焦化紅糖。

關於焦糖烤布蕾

國家 法國

製作順序 攪拌→隔水烘烤→表面裝飾

主原料 全蛋、鮮奶油、香草、紅糖

由來

據說最早出現於1691年法國貴族大廚師Francois Massialo的著作中，他把這甜點稱為Crème Brûlée意思即為「燒焦的鮮奶油」。這道點心的原料及做法都相當簡單，主要就是品嘗香草和奶蛋的香味，所以一支好的香草棒可以讓味道更清香。你也可以依自己喜好添加醬汁：如巧克力、香檳，及各式水果。

傳統焦糖烤布蕾配方

份量：直徑8cm×5個

鮮奶	250g.	蛋黃	4個
鮮奶油	250g.	細砂糖	90g.
香草棒	1/2支	焦糖	適量

相較於傳統配方，新的配方加入整顆雞蛋讓口感較滑順，紅糖則比一般砂糖味道更濃烈。

烤布蕾V.S焦糖布丁

Crème Brûlée烤布蕾與Crème Brûlée焦糖布丁的差別，前者是布丁上覆蓋焦糖，後者則是需要另煮焦糖鋪於底部，烤好後倒扣，整個焦糖層才覆在最上面。

Canelé
可麗露

喜愛他的人最了解那種外皮焦脆、內裡軟嫩彈牙的口感，
在橡木酒桶般的外型下，蘊藏著濃郁的蘭姆酒香。
淺嘗一口，彷彿置身波爾多小酒館裡，縱情享受微醺的午后

數量 7個
溫度與時間 250℃，50～60分鐘
難易度 ★★★多加練習，就能成功！
適合何時吃＆保存多久
常溫約可保存一星期之久，建議小口品嘗，適合搭配任何茶類食用。

材料

材料	份量
牛奶	275g.
奶油	12g.
香草棒	1/2支
細砂糖	125g.
全蛋	1個
低筋麵粉	70g.
蛋黃	10g.
深色蘭姆酒	30g.

Oui, Chef! 重點提示

1. 烤焙到一半時產品會膨脹，必須將其往下敲平，如此動作視烤箱而定，約二到三次。
2. 蜂蠟可以在拍賣網站買到。蜂蠟會使產品產生外脆內軟，而奶油則無法達到。模具入烤箱加熱後倒入融化的蜂蠟再將蜂蠟倒出，將模具倒扣，如此能使蜂臘均勻且薄薄地附著一層在模型內部。
3. 此麵糊同樣的需前一晚攪拌起來熟成超過24小時，這樣麵糊在烤箱中烘烤過程會比較穩定。

做法

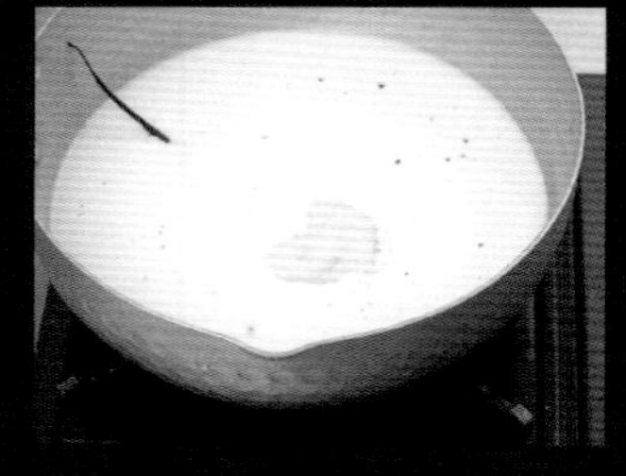

1
香草棒對切，取出香草籽，連同香草豆莢+鮮奶+細砂糖+奶油煮沸後離火。

2
全蛋+低筋麵粉+蛋黃攪拌均勻。

3
加入降溫了的香草牛奶液，兩者拌勻，倒入蘭姆酒拌勻，放入冰箱冷藏一晚。

4
先將模具放入烤箱加溫後，倒入融化的蜂蠟再將蜂臘倒出，將模具倒扣，使蜂臘能夠均勻的在模型內部薄薄地附著。倒入麵糊至八分滿，放入烤箱烤焙。

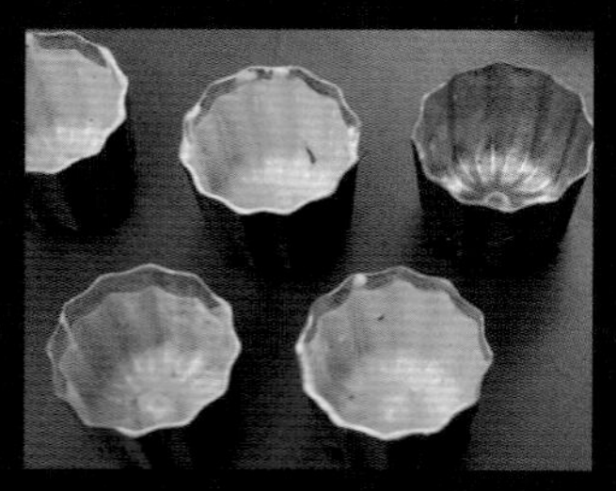

傳統可麗露配方

份量：14個

牛奶	250g.	全蛋	2個
奶油	50g.	蛋黃	2個
香草醬	10g.	蘭姆酒	20g.
細砂糖	250g.	鹽	適量
麵粉	100g.		

改良後的配方減低了糖的份量，讓甜度減低，也調高了酒的份量，讓酒香瀰漫在口頰之間。

關於可麗露

國家 法國
製作順序 前一晚攪拌所有食材→麵糊 →烤焙
主原料 全蛋、鮮奶、蘭姆酒、蜂蠟
由來
Canelé可麗露，法國波爾多特產，相傳十八世紀由修道院的修女們開始製作的。其外表焦黑有如儲放紅酒的橡木桶而又被稱為波爾多小酒桶。Canelé最令人驚艷的 ，就是它內外差異極大的口感，焦黑稍硬的焦糖外殼配上柔軟富彈性的內餡，這都要歸功於價值不斐的銅模，在烘培時才能創造出內外對比強烈的質地。

可麗露的模型和養模

可麗露的模型有銅模、鋁模和矽膠模，前者價值不斐，但烘焙出來的樣式及口感都最佳。買到銅模後，建議每天先塗上奶油，入烤箱以高溫烘烤，待涼後擦拭乾淨即可；不要清洗，養個一兩週下來就可以正式上場了。許多西點師傅都把自己的銅模養的黑又亮，烤出來Canelé的色澤才完美。

巴黎千層

層層酥脆餅皮+綿滑內餡就是巴黎千層的特色，

當兩種口感在口中混合時，交織出千變萬化的驚喜，讓人忍不住大叫Bravo！

ille feuilles

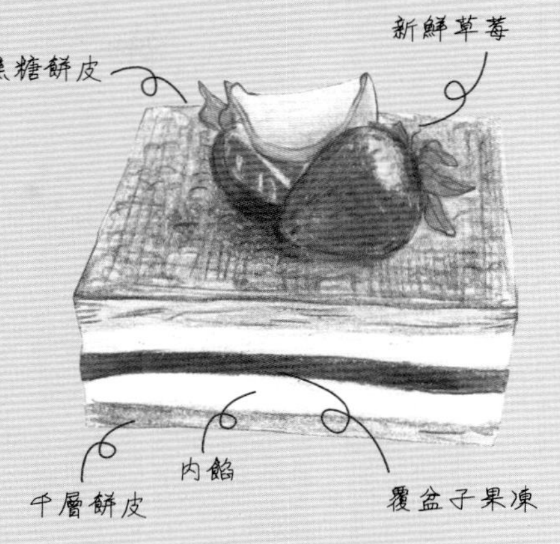

數量 15cm×15cm×2個

溫度與時間 190℃
烤焙約40分鐘

難易度 ★★★
多加練習就能成功！

適合何時吃＆保存多久
冰箱冷藏可保存2天，從冰箱取出時須立刻品嘗，吃時建議利用刀叉。

材料

餅皮

奶油	160g.
低筋麵粉	60g.
奶油	50g.
低筋麵粉	150g.
水	100g.

果凍

吉利丁片 (冰水泡軟)	8g.
覆盆子果泥	250g.
細砂糖	35g.
檸檬皮屑	1/2個量

內餡

★奶油霜	450g.
★克林姆醬	300g.

做法

製作餅皮 Les Pâtes

1

先將160g的奶油與60g的麵粉混合，擀壓成四方形油酥。

2

拌勻剩下的低筋麵粉+奶油+水。

3

擀壓成長方形油皮，包裹住前面的四方形油酥。

4

再折成四方形。

5

用擀麵棍擀成三折，以保鮮膜包覆放入冰箱鬆弛30分鐘；取出後攤開麵糰再次擀成三折、鬆弛30分鐘。重複這個擀折共4次。

6

最後擀壓成約厚度0.5公分的正方體，表面叉洞，鬆弛20分鐘後放入烤箱，以190℃烤焙約40分鐘。

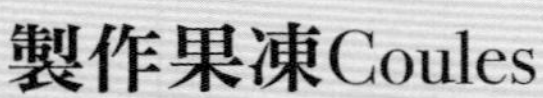

製作果凍Coules

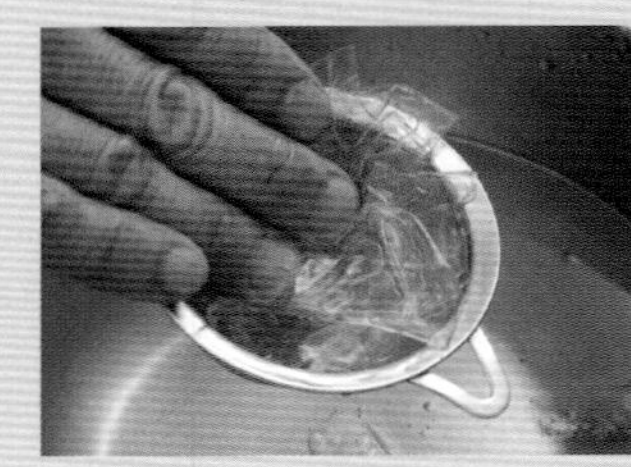

7

吉利丁以冰水泡軟後瀝乾備用。

8

果泥+細砂糖+檸檬皮屑煮至糖融解後離火。

9

加入泡軟的吉利丁拌勻後，淋入模型中約0.5公分高，放置冷凍庫約2小時備用。

製作內餡Crème

10

參照P.20製作奶油霜。

11

參照P.20製作克林姆醬。兩者混合拌勻好即成內餡。

組合Mix

12

將烤好的餅皮裁切成長寬各15公分，底部先放上一片餅皮。鋪上內餡，抹平。

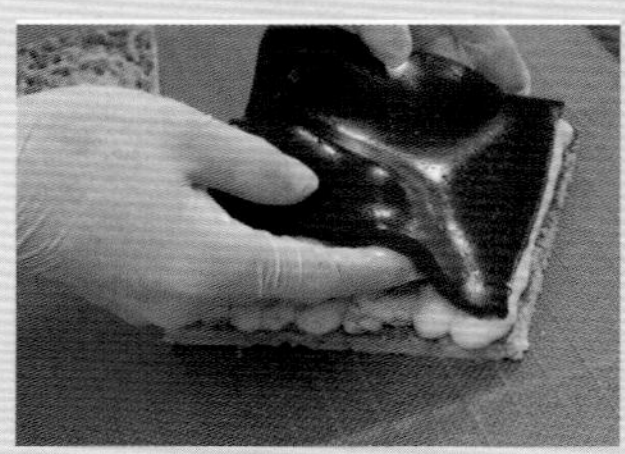

13

放上冷凍好成型好的果凍，裁切成一樣的尺寸。

14

再抹上一層剩餘的內餡，最後放上一片餅皮。放入冰箱冷凍約1小時即成。

Oui, Chef! 重點提示

1. 包覆派皮時可在桌面上撒些高筋麵粉。
2. 擀折時每一次需鬆弛30分鐘。每一次擀折時，必須轉到跟前一次擀折的方向成90度再擀折。
3. 最後擀好放入烤箱前需要鬆弛約20分鐘。

關於巴黎千層

國家 法國

製作順序 擀摺餅皮→烘烤→果凍→內餡→組合

主原料 麵粉、奶油、水果泥、鮮奶等

由來

千層派直譯自法文mille-feuille，mille是千，feuille是樹葉也是書頁，早自十五、十六世紀時即出現在歐洲宮廷內，其做法演變至今有不同製作方式如油皮包覆油酥、亦或是油酥包覆油皮等，而 摺方式也不等，如3折4次、4折1次、3折6次等等。早期台灣又將千層派取名為拿破崙，意思為一拿起來就破了。

傳統巴黎千層配方

份量：10cmx10cmx2

餅皮		內餡	
奶油	70g.	奶油	250g.
高筋麵粉	300g.	水	50g.
水	130g.	細砂糖	140g.
高筋麵粉	25g.	全蛋	3個
奶油	240g.		

- 改良的配方將餅皮部分換成低筋麵粉，使筋性不至於太強，口感較柔軟。
- 在組合上加入覆盆子餡，使視覺味覺都能達到平衡。

橙香水果酒假期蛋糕

放假了，我要親手做一個磅蛋糕去拜訪朋友；
把我濃濃的友誼和好心情隨著麵粉砂糖一起攪拌，
放入烤箱暖暖的烘焙，再撒上玫瑰花瓣裝飾。
這是我的心意，請笑納！

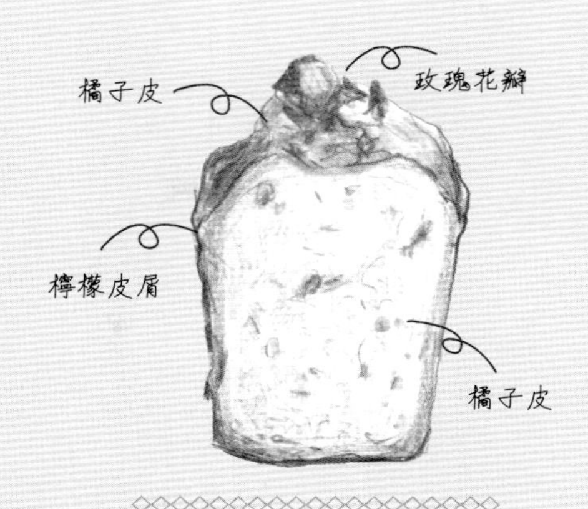

數量 長12cm×寬6cm×高7cm×3條

溫度與時間
180℃，40分鐘

難易度 ★簡單
新手也很容易成功！

適合何時吃＆保存多久
用保鮮膜密封，放在冷凍庫，可保存約1個月，亦可放常溫保存約一星期，但要密封。可常溫食用也可以微波加熱，使香氣完全釋放出來。建議搭配紅茶或水果茶享用。

材料

奶油	375g.
細砂糖	125g.
轉化糖漿	60g.
全蛋	6個
低筋麵粉	375g.
泡打粉	7.5g.
橘子皮	275g.
橘子酒	45g.
櫻桃	150g.
玫瑰花瓣	20g.
檸檬皮屑	1個量
櫻桃酒	50g.

aux voyage

做法

1

奶油+細砂糖+轉化糖漿放入攪拌盆中。

2

以漿狀攪拌器先慢速拌勻，再以中速攪拌至體積變大變白，呈絨毛狀。蛋分次加入攪拌，至麵糊呈光滑細緻狀。

3

加入過篩好的麵粉，以橡皮刮刀拌勻。

4

再加入泡打粉、橘子皮、橘子酒、櫻桃、玫瑰花瓣和檸檬皮屑，拌勻。

5

鋪上烘焙紙倒入模型至8分滿，進烤箱烤焙。

6

出爐時趁熱刷上櫻桃酒即成。

Oui, Chef!
重點提示

1. 烤焙到20分鐘時，要用刀子輕割表面使其膨脹形狀完整。
2. 加入轉化糖漿可以使蛋糕質地更柔滑濕潤。

關於橙香水果酒假期蛋糕

國家 英國
製作順序 攪拌→烘烤→冷藏
主原料 奶油、全蛋、麵粉、水果乾、酒類
由來
最早起源於英國，但其製作方法很快就流傳至法國。常見的名字為重奶油蛋糕或磅蛋糕，因為其比例最早為奶油+白糖+雞蛋+麵粉各1磅，混和在一起，烤成4條蛋糕，每條也是1磅，所以叫做磅蛋糕或1/4蛋糕（Quate-quate）。此款蛋糕放越久味道越香陳，歐洲人通常會在一周前就製作出來，保存到周末時再與親朋好友一起享用，所以在法國，他又被稱為假期蛋糕。可以切薄片，搭配咖啡或是紅茶享用。

傳統磅蛋糕配方

份量：2條

奶油	240g.
細砂糖	240g.
低筋麵粉	240g.
全蛋	4個
泡打粉	適量

配方中加進花瓣及各式水果酒，可使蛋糕組織更加細緻、芬芳。

Gateaux au voya

Vin Roug au Figue

波爾多
紅酒無花果蛋糕

把無花果和紅酒綁在一起3天3夜，

把奶油麵粉和糖混和在一起生生世世，

做出一條扎扎實實的鄉村蛋糕一口吃下肚。

有些事情，就是這麼簡單。

數量　長18cm×寬5cm×高7cm×3條

溫度與時間
200℃，40分鐘

難易度　★簡單
新手也很容易成功！

適合何時吃＆保存多久
用保鮮膜密封，放在冷凍庫，可保存約1個月，亦可放常溫保存約一星期，但要密封。可常溫食用也可以微波加熱，使香氣完全釋放出來。建議搭配紅茶或水果茶享用。

材料

材料	份量
奶油	350g.
蛋黃	120g.
鮮奶油	190g.
細砂糖	300g.
水	75g.
蛋白	115g.
細砂糖	120g.
低筋麵粉	450g.
泡打粉	9g.
無花果	300g
紅酒	200g.

做法

1
奶油+蛋黃以漿狀攪拌器攪拌至體積變大變白，呈絨毛狀的奶油糊。無花果切碎浸入紅酒中備用。

2
鮮奶油加熱。另一鍋將細砂糖與水煮到焦糖色，倒入熱鮮奶油拌勻。

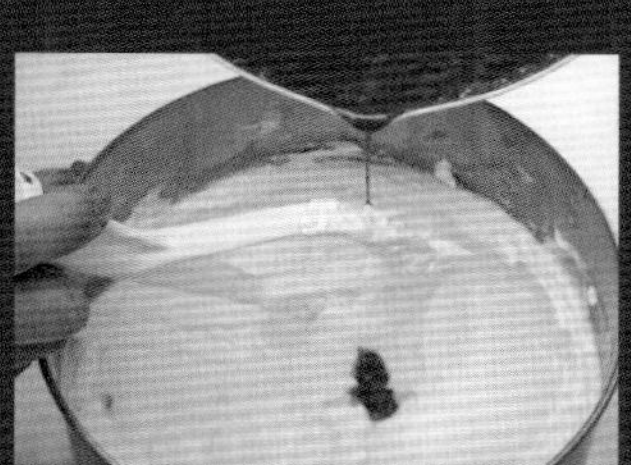

3
待冷卻後，倒入已拌好的奶油糊中打發。

4
蛋白與細砂糖攪打到濕性發泡（7分發），再拌入奶油糊中拌勻。

5
加入麵粉及事先泡在紅酒裡的無花果，以橡皮刮刀拌勻。

6
擠入模型中，即可放入烤箱烤焙。

Oui, Chef! 重點提示

1. 煮焦糖時需注意溫度，將糖煮到變成巧克力色略有焦味產生就可以了，不可過焦。
2. 步驟4中，加入與蛋白混合時，不可用力過度，力道要放輕。否則會使蛋白的空氣流失，以致麵糊過於稀，烘烤時麵糊會較容易溢出模型外。
3. 烤焙時注意著色度，需隨烤箱溫度適時調整。
4. 無花果先切碎，最好三天前就開始浸泡於紅酒中備用，會更有酒香味。

New York Cheese

紐約起司

他有著直線三角形的冷冽身形和鮮黃外衣，
就像冷酷俐落、明亮現代的大都市，
他還擁有著綿密濕軟、無敵濃厚的重乳酪內餡，
和酥脆爽口的底層；誰能比得上他，這起司蛋糕之王呢？

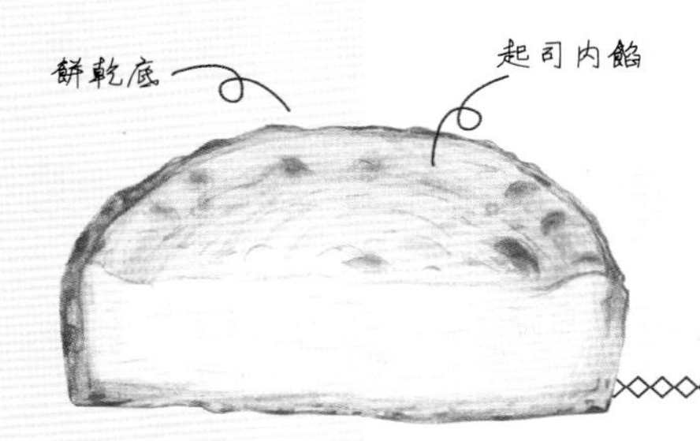

數量 6吋×1個
溫度與時間 200℃烤焙約40分鐘
難易度 ★★小心製作，不容易失敗！
適合何時吃&保存多久
此款蛋糕的起司含量約70%，屬於重乳酪蛋糕，烤焙好後放入冰箱冷藏，到第3天時風味更佳。

材料

餅乾底

奶油	100g.
消化餅乾	135g.
糖粉	50g.

內餡

奶油起司	650g.
細砂糖	105g.
全蛋	1.5個
鮮奶油	90g.
檸檬汁	10g.

做法

製作餅乾底 Cookie Crust

1

餅乾碾碎，與糖粉拌勻。奶油直接融化加入拌勻。

2

將餅乾底壓入模型內，底和邊緣都要壓平。

製作起司內餡Cheese

3

奶油起司與細砂糖先用漿型攪拌器拌勻成乳霜狀。

4

依序加入全蛋+鮮奶油+檸檬汁，攪拌均勻成乳酪麵糊。

5

倒入備好的模子內，即可放入烤箱烤焙。

Oui, Chef! 重點提示

1. 餅乾可選消化餅乾或奇福餅乾，放入模內需壓緊，可用湯匙輔助。
2. 步驟4中，依序加入的材料每加一次都要攪拌均勻才加下一項材料。
3. 在步驟5中，麵糊放入模內不可敲動，會將側邊餅乾搖落，但需把表面抹平，不要讓空氣進入。
4. 為預防表皮太過乾裂，可以在上方加蓋一層錫箔紙再入烤箱。

關於紐約起司

國家 美國

製作順序 餅乾底→起司內餡→烘焙

主原料 奶油起司、蘇打餅乾、檸檬汁

由來

說起起士蛋糕，要追溯到好幾世紀以前的古希臘，傳說在當時是為了供應雅典奧運而做出來的甜點。接著由羅馬人將起士蛋糕從希臘傳播到整個歐洲。在19世紀跟著移民潮，傳到了美洲而發揚光大。美式起司蛋糕加上了蘇打餅乾且含起司比例較重，屬重乳酪蛋糕，紐約起司就是最為熟知的重乳酪蛋糕。

傳統 紐約起司配方

份量：6吋×2個

奶油起司	400g.
細砂糖	100g.
全蛋	2個
鮮奶油	400g.
麵粉	30g.
檸檬汁	1個量

- 改良的配方減少了鮮奶油的比例，讓起司蛋糕整體上更紮實滑順。
- 且利用高溫短時間的烤培方式，使水分鎖住不流失。

香蕉巧克力起司

結合了東方與西方的食材，使香蕉與巧克力相互輝映，

激盪出不同風味的起司蛋糕。

創意，就要在生活中落實。

Banana et Chocolate

數量 6吋×2個

溫度與時間 200℃烤焙約30分鐘

難易度 ★簡單，新手也很容易成功！

適合何時吃＆保存多久
同樣屬於較重口味的起司蛋糕，冷藏保存可放置約5天。

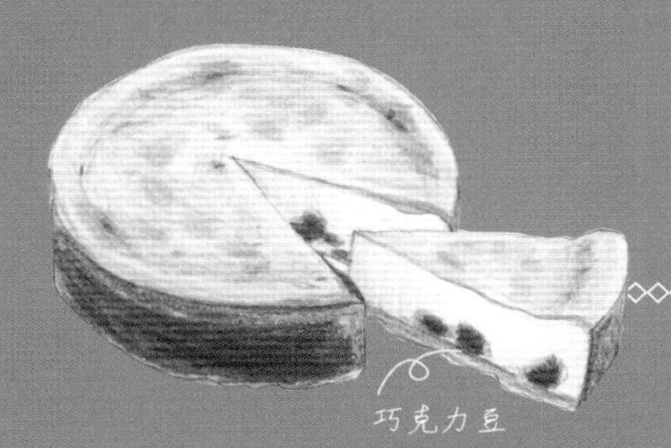

材料

餅乾底

消化餅乾	100g.
糖粉	10g.
碎核桃	50g.
燕麥片	30g.
奶油	100g.
巧克力豆	50g.

內餡

奶油起司	350g.
細砂糖	40g.
玉米粉	13g.
全蛋	2個
新鮮香蕉	150g.
香蕉酒	20g.

做法

製作餅乾底
Oatmeal Cookie Crust

1 餅乾碾碎，盆中放入餅乾屑+糖粉+碎核桃+燕麥片，奶油直接融化，倒入拌勻。

2 拌好後放入所需模型內壓平。

3 表面撒上巧克力豆備用。

製作起司內餡Cheese

4

新鮮香蕉切小段+酒，拌到成泥狀備用。

5

用槳型攪拌器拌勻奶油起司+細砂糖。

6

依序加入玉米粉及全蛋。

7

最後加入香蕉泥拌勻，放入備好的模子內，即可放入烤箱烤焙。

Oui, Chef! 重點提示

1. 餅乾可選消化餅乾或奇福餅乾，餅皮材料攪拌好後必需立刻壓入模型內，否則會不好成型。
2. 選用活動模， 烤焙好後較容易取出。
3. 在步驟5中，奶油起司在使用前可放入微波加熱使其稍微軟化，比較好攪拌。攪拌時必須多次用橡皮刮刀拌至均勻。
4. 烤焙時表面稍著色後需將爐溫往下降約20℃。

傳統巧克力起司配方

份量：8吋×2個

奶油起司	680g.
細砂糖	80g.
可可粉	30g.
玉米粉	20g.
全蛋	4個
蛋黃	1個
愛爾蘭酒	50g.
香草醬	5g.
咖啡粉	10g.
熱水	30g.

將台灣的特產香蕉融入起司內，並在底部利用麥片及巧克力提味，結合東方與西方的食材，使香蕉與巧克力相互輝映，激盪出不同風味的起司蛋糕。

關於巧克力起司

製作順序 餅皮→起司內餡→烘焙
主原料 麥片、巧克力豆、起司、香蕉

Cottage Cheese

德式茅屋起司

如果喜歡削檸檬皮屑時撲鼻的香味，
一定要試試輕輕淡淡的茅屋起司，
尤其是炎炎夏日，就在冷氣房裡放縱的享受這口感似冰淇淋，
有如少女般清香的茅屋起司吧！

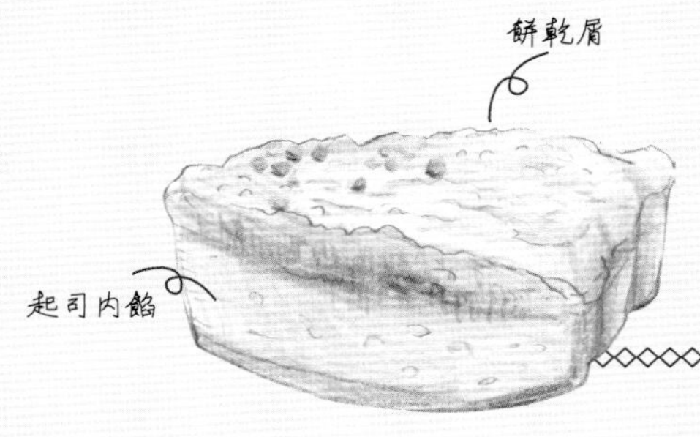

數量 8吋×2個

難易度 ★★小心製作，不容易失敗！

適合何時吃＆保存多久
屬於清淡口味的起司慕斯蛋糕，放入冷凍口感似冰淇淋，可隨自己喜好搭配紅茶或咖啡享用。

材料

餅乾底

奶油	250g.
餅乾屑	50g.
糖粉	175g.

內餡

鮮奶油	130g.
奶油起司	400g.
檸檬皮屑	1個量
香吉士皮屑	1個量
蛋黃	5個
細砂糖	20g.
鮮奶	130g.
吉利丁片（冰水泡軟）	15g.
蛋白	5個
細砂糖	80g.

裝飾

餅乾屑	285g.

做法

製作餅乾底 Cookie Crust

1
餅乾碾碎，取50g.與糖粉拌勻。奶油直接融化加入拌勻。

2
將餅乾底壓入模型內，底和邊緣都要壓平。

製作起司內餡Cheese

3

鮮奶油打發+奶油起司拌勻，加入檸檬皮屑及香吉士皮屑拌勻成奶油起司糊。

4

蛋黃+細砂糖+鮮奶煮到85℃，邊煮邊攪拌，離火後加入事先泡軟的吉利丁。

5

靜置至冷卻後，加入奶油起司糊，攪拌均勻。

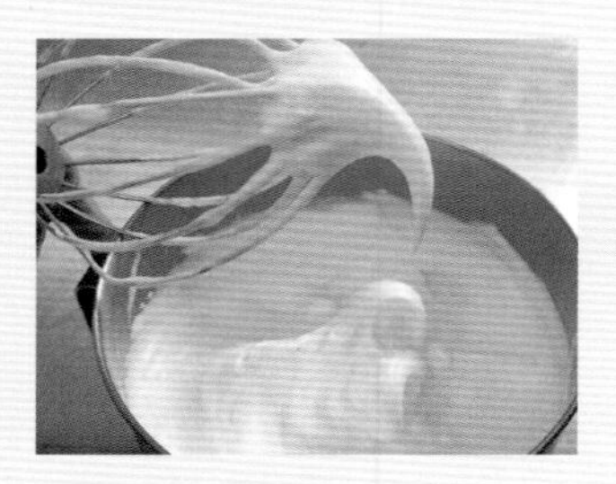

6

蛋白+細砂糖打到濕性發泡。

7

兩者拌勻後，輕輕倒入模型中。

裝飾

8

表面均勻撒上碎餅乾屑，冷凍一晚再吃比較好吃。

Oui, Chef! 重點提示

1. 步驟3的起司部分須完全拌均勻，不可有顆粒狀。
2. 由於配方內含有蛋白，在步驟7中拌勻時，不可過度攪拌，只需使用橡皮刮板輕輕拌，否則麵糊會消泡。

關於德式茅屋起司

國家 德國

製作順序 餅乾底→起司內餡→烘焙

主原料 奶油起司、蘇打餅乾、檸檬汁

由來

外表用餅乾碎裝飾得猶如一間茅屋般而得名，據說是出自於德國。

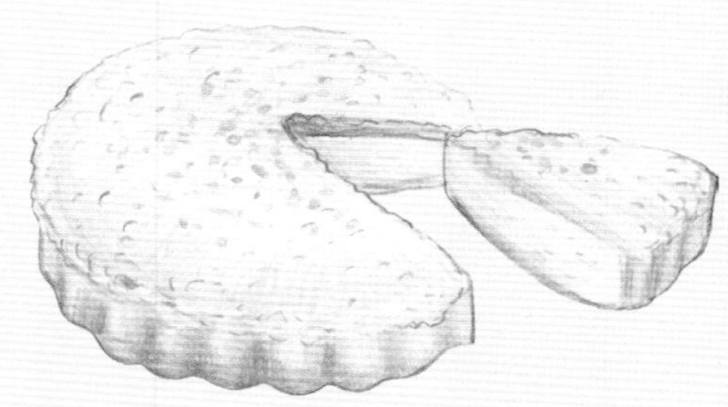

傳統德式茅屋起司配方

份量：6吋×1個

鮮奶	100g.
蛋黃	20g.
細砂糖	25g.
玉米粉	7g.
奶油起司	300g.
蛋白	30g.
細砂糖	30g.
櫻桃酒	適量

- 新配方把打發蛋白的糖量減少，讓蛋白打發時更輕柔，口感較順口。
- 冷凍後取出，趁未軟化時食用，口感更勝冰淇淋。

Crème et Fromage

雪酪起司

誰說起司蛋糕一定要擁有強悍濃烈的味道，
來試試這款如天使般溫柔、
如雪花般輕盈的雪酪起司；完全無負擔的口感，
讓你一口接一口不停口！

數量 6吋×2個
溫度與時間 200℃烤焙約20分鐘
難易度 ★★小心製作，不容易失敗！

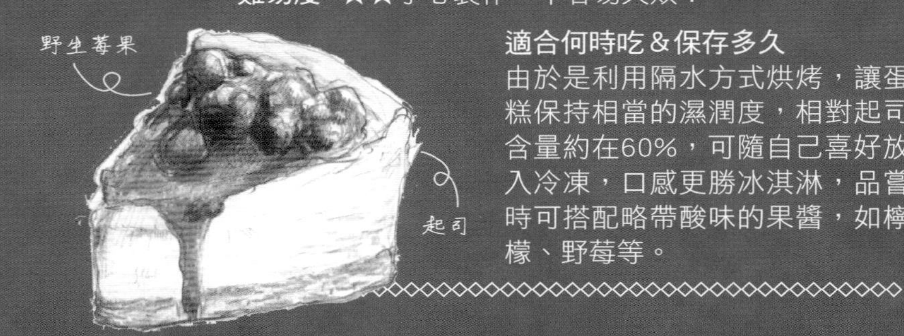

適合何時吃＆保存多久
由於是利用隔水方式烘烤，讓蛋糕保持相當的濕潤度，相對起司含量約在60%，可隨自己喜好放入冷凍，口感更勝冰淇淋，品嘗時可搭配略帶酸味的果醬，如檸檬、野莓等。

材料

沙布雷

材料	份量
奶油(室溫變軟)	90g.
細砂糖	70g.
鹽	2g.
蛋黃	36g.
低筋麵粉	120g.
泡打粉	6g.
香草棒	1/2支

起司

材料	份量
奶油起司(室溫變軟)	550g.
細砂糖	160g.
低筋麵粉	20g.
全蛋	3個
動物鮮奶油	400g.
檸檬皮屑	1/2個量

表面裝飾

材料	份量
野生莓果	100g.
透明果膠	50g.

做法

製作法式沙布蕾塔皮
Pâte sablée

1

請參照P.19做法製作沙布蕾塔皮，以200℃烤焙約20分鐘。取出徹底放涼。

製作起司內餡Cheese

2

用漿型攪拌器拌勻奶油起司+細砂糖，加入過篩的麵粉拌勻。

3

依序加入蛋+鮮奶油+檸檬皮屑，拌勻成起司糊。

4

取2個6吋活動圓模，先放入烤好的沙布蕾，再倒入起司糊。入烤箱以210℃隔水烤焙約40分鐘。

組合Mix

5

野生莓果+透明果膠拌勻，放在烤焙好的起司蛋糕表面即成。

Oui, Chef! 重點提示

1. 製作沙布雷時不可過度攪拌，否則餅皮會不酥脆。
2. 需注意烤箱溫度做適當調整。
3. 步驟2的奶油起司部分須完全拌勻，不可有顆粒狀。
4. 隔水加熱的水選用溫水，水的高度約至模子的1/3。

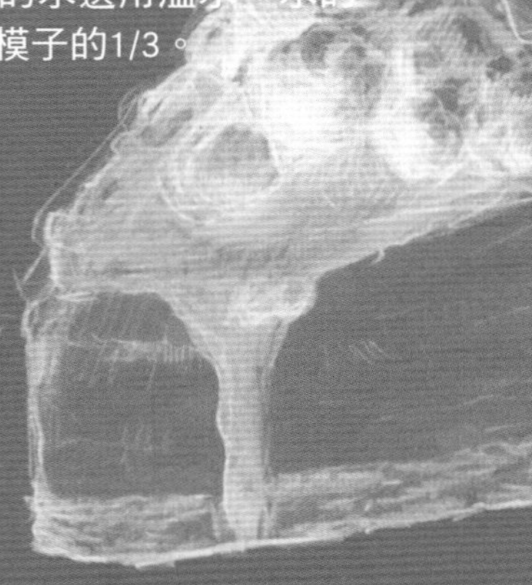

關於起司蛋糕

國家 美國

製作順序 攪拌→烘烤→表面裝飾

主原料 起司、砂糖、鮮奶油、野生莓果

由來

說到起司蛋糕的風行，其實是來自美國的家庭烘焙，美國人喜歡紮實而濃郁的起司口味，而此款蛋糕加入更多的鮮奶油並改變烘烤方式，使其風味更加豐富，再搭配酸甜醬汁，讓起司蛋糕出現新的變化及不同的口感。

傳統起司蛋糕配方

份量：8吋×1個

塔皮		起司	
奶油	100g.	奶油起司	850g.
細砂糖	65g.	融化奶油	8g.
低筋麵粉	165g.	細砂糖	210g.
杏仁粉	40g.	低筋麵粉	8g.
全蛋	35g.	全蛋	5個

- 將傳統的塔皮改成沙布蕾，讓口感更香脆。
- 利用更多比例的鮮奶油，使起司蛋糕在冰凍後有如品嘗冰淇淋般。再搭配其表面醬汁，讓層次更為豐富。

Tiramisù

提拉米蘇

Tiramis在義大利文的意思是「帶我走」，
曾經品味過他滑潤冰涼口感的人，誰會捨得不帶他回家呢？帶他回家吧？
從冰箱裡拿出來的提拉米蘇將會瞬間攻佔你的味蕾、永遠佔據你的心。

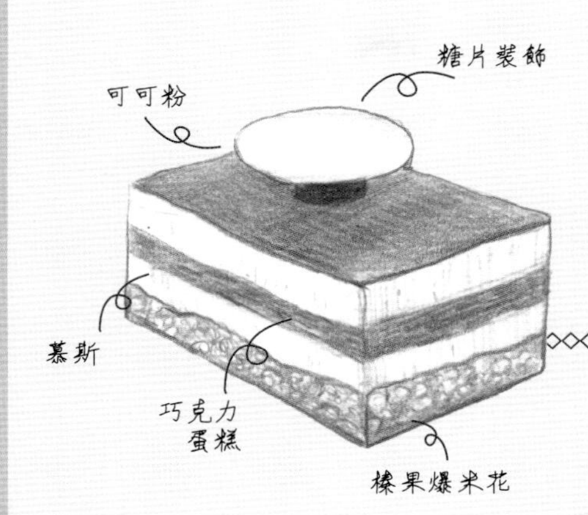

數量 6吋×2個

難易度 ★★小心製作，不容易失敗！

適合何時吃＆保存多久

屬於慕斯蛋糕，要放在冷凍庫保存，食用前約2小時退冰即可，可搭配咖啡享用風味更香濃。

材料

慕斯體

鮮奶油	320g.
蛋黃	70g.
細砂糖	80g.
水	40g.
瑪士卡邦起司	630g.
吉利丁片（冰水泡軟）	8g.
蘭姆酒	20g.
咖啡酒	10g.
濃縮咖啡	20g.

榛果脆餅

53%巧克力	90g.
榛果醬	70g.
爆米花	100g.

裝飾

可可粉	適量

蛋糕體

巧克力蛋糕

寬7cm×長20cm×1片

（做法請參考P.40典藏黑森林）

做法

製作慕斯體 Mousse

1

鮮奶油打發備用。吉利丁泡冰水軟化備用。

2

蛋黃攪拌至全發、呈淺黃色濃稠狀，細砂糖與水煮到114℃，快速倒入攪拌至冷卻。

將稍軟化的瑪士卡邦起司放入盆中，倒入蛋液，輕輕拌勻。加入打發好的鮮奶油及事先泡冰水軟化的吉利丁。

4

最後加入酒類和咖啡。

製作榛果脆餅

Croustillant au Noisette

5

巧克力隔水或微波加熱融化，加入榛果醬+爆米花，放入模型內抹平。等待數分鐘至定型。

組合 Mix

6

榛果脆餅定型後，先倒入一層慕斯。

7

放上1片巧克力蛋糕。

8

再塗上一層慕斯，以抹刀抹平，放入冷凍庫待凝固。

9

冷卻後脫模，表面抹上少許鮮奶油、撒上可可粉即可食用。

關於提拉米蘇

國家 義大利

製作順序 攪拌→組合→冷凍

主原料 全蛋、瑪士卡邦起司、濃縮咖啡、可可粉

由來

Tiramisu的由來眾說紛紜，就字面上來說一是：把我帶走，二是：提神、興奮的意思，據說約在十六世紀初即出現在義大利托斯卡尼地區。還有一個關於提拉米蘇的美麗傳說：在二次大戰時期，一名義大利士兵，即將遠離家鄉，前往戰場。她的愛妻為他準備帶在征途上的點心，而將家裡僅剩的材料做成一份新式糕點給他帶上，並將之命名為Tiramisu（把我帶走）。而真正的提拉米蘇則一直要到1960年代才在義大利威尼斯的西北方一帶開始出現。當地人採用Mascarpone Cheese作為主要材料，再以手指餅干取代傳統的海綿蛋糕，加入咖啡、可可粉等其他元素製成。

1. 瑪士卡邦起司從冰箱取出需回溫約20分鐘。
2. 瑪士卡邦起司與蛋黃攪拌時不可用力過度，否則馬士卡邦會變質。

傳統提拉米蘇配方

份量：3杯

Mousse		**手指餅乾**	
全蛋	3個	全蛋	2個
細砂糖	75g.	蛋黃	1個
瑪士卡邦起司	200g.	細砂糖	50g.
咖啡酒	40g.	低筋麵粉	40g.

- 傳統的做法是將咖啡酒液塗抹於手指餅乾上，而此做法則是將咖啡液加入慕斯內，讓蛋糕不會太濕。
- 底部鋪上榛果餅乾，使蛋糕整體在品嘗時更能平衡味道。
- 只使用蛋黃，更可凸顯出瑪士卡邦起司香濃的味道。

紅莓夏洛特

高貴典雅的外型，訴說著它所蘊含的甜蜜風味。
紅莓特有的酸甜滋味，讓你彷彿置身法國鄉間，
每咬一口，都充滿濃濃的法式古典風情。

Charlotte aux Fruit R

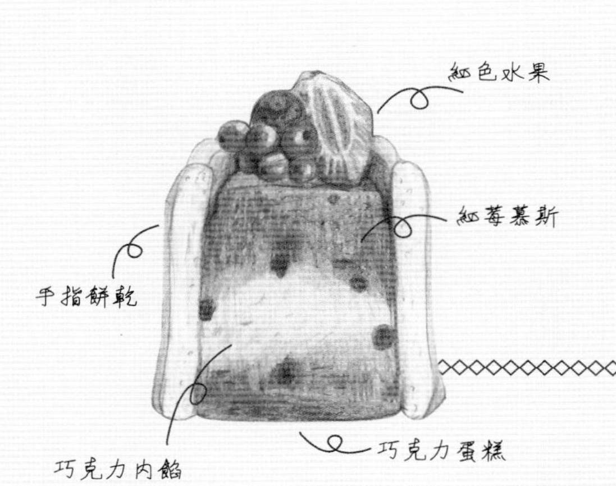

數量 3吋×6個

溫度與時間 手指餅乾190℃，約5分鐘

難易度 ★★★多加練習就能成功！

適合何時吃＆保存多久
放冷藏約可保存3天，亦可放入冷凍，吃時再退冰約2小時，正常食用溫度約在15℃，適合搭配茶類享用。

材料

手指餅乾

蛋黃	5個
細砂糖	35g.
蛋白	5個
細砂糖	60g.
低筋麵粉	80g.
玉米粉	60g.

紅莓慕斯

藍莓	200g.
草莓	100g.
覆盆子	100g.
混合果粒	100g.
吉利丁片（冰水泡軟）	15g.
蛋白	70g.
細砂糖	40g.
水	15g.
鮮奶油	300g.

巧克力餡

牛奶巧克力	125g.
鮮奶油	400g.

★巧克力蛋糕

6公分圓圈	6片

裝飾

新鮮野生莓果	適量

做法

製作手指餅乾
Pâte a biscuit a la cuillere

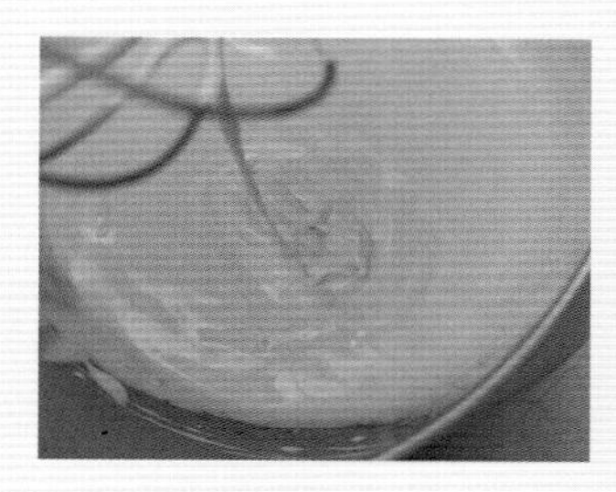

1

蛋黃與細砂糖以網狀攪拌器打至全發狀，顏色呈現出淡黃色，此時撈起的蛋液往下垂時可以畫出8字型，短時間不會消散。時間約5分鐘。

2

蛋白以網狀攪拌器高速攪打，打至乳白狀起泡時加入細砂糖繼續攪打至蛋白撈起時，尖端不會往下垂的乾性發泡（又稱8分發）。

3

兩者以橡皮刮刀輕輕拌勻，輕拌時一邊加入過篩的麵粉和玉米粉。

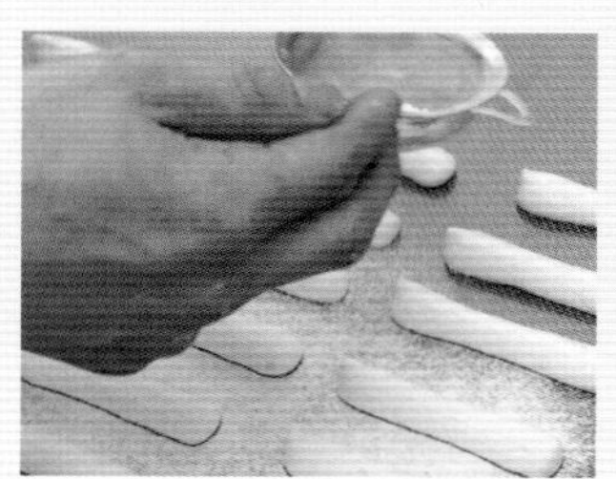

4

烤盤鋪上矽膠模，以平口花嘴擠成手指狀，表面撒上些許糖粉，放入烤箱以190℃烤焙約5分鐘。

Charlotte aux Fruit Rouges

製作紅莓慕斯

Fruit Rouge

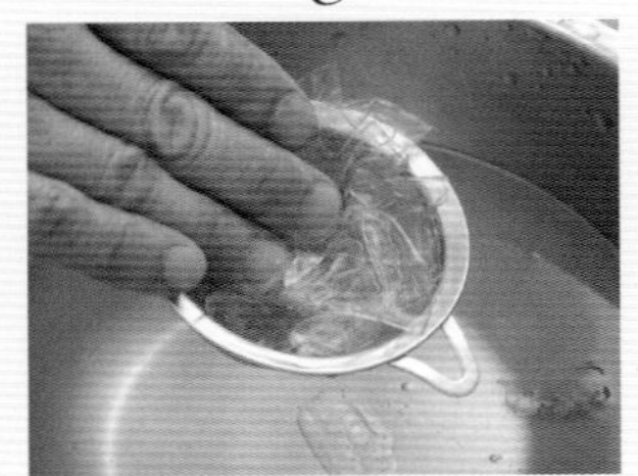

5

吉利丁泡冰水軟化後瀝乾。

6

所有水果混合加熱至70℃離火，加入軟化的吉利丁待冷卻至30℃。

7

蛋白+細砂糖+水打成義大利蛋白霜。

8

將義大利蛋白霜加入水果中輕拌。

9

鮮奶油打發拌入，即成紅莓慕斯。

製作巧克力餡

Crème au Chantilly

10

巧克力隔水融化或以微波加熱備用。

11

鮮奶油打發，與巧克力拌勻。

1. 擠出手指餅乾的過程中，時間不可拖太久，否則會消泡。
2. 義大利蛋白霜詳細做法請參考P.19。製作過程中須控制好溫度，否則會無法形成。最好使用溫度計測量溫度。
3. 巧克力蛋糕詳細做法請參考P.40典藏黑森林。

組合Mix

12

先把紅莓慕斯放入模子內。

13

中間放入巧克力餡。

14

再倒入紅莓慕斯至滿，最後放上一片巧克力蛋糕，放進冰箱冷凍一晚。

15

以隔水加熱的方式倒扣取出。

16

邊邊以手指餅乾圍繞。表面放上新鮮野生莓果裝飾。

傳統紅莓夏洛特配方

份量：6吋×2個

慕斯		手指餅	
全蛋	6個	全蛋	4個
細砂糖	80g.	蛋黃	4個
鮮奶油	100g.	細砂糖	110g.
巧克力	240g.	低筋麵粉	80g.
鮮奶油	500g.		

改良後的配方選用了多種野生莓果再搭配牛奶巧克力，酸甜滋味讓人有種戀愛的感覺。

關於紅莓夏洛特

國家 法國

製作順序 慕斯→巧克力餡→手指餅乾→裝飾

主原料 野生莓果、牛奶巧克力、鮮奶油

由來

夏洛特在法語裡的意思是仕女戴的帽子，關於名稱的由來有一種說法為，在十八世紀末期，英國喬治三世的妃子夏洛特帶領出一種帽子的流行風潮，而這種帽子就叫做「夏洛特」，由於蛋糕的外型和帽子相似，因而得名。現在一般稱呼為夏洛特的點心，多半使用洋梨作為內餡的主材料。放入冰箱冷藏三、四小時固形後，口感相當棒。

蒙布朗

內餡是濃郁栗子餡與香緹餡，
頂端點綴著像雪一般飄渺的糖粉。
美麗的外型，快速擄獲眾人的目光，
淺嘗一口，彷彿已經攻佔上山峰、
征服全世界。

Mon

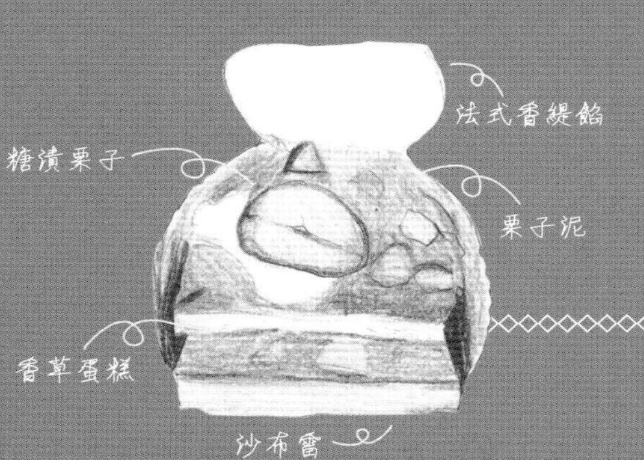

數量 6個

溫度與時間 法式沙布蕾200℃烤焙約20分鐘、香草蛋糕180℃烤約30～35分鐘

難易度 ★★小心製作，不容易失敗！

適合何時吃＆保存多久
此蛋糕較不適合放冷凍，放在冷藏保存約3天。可搭配黑咖啡、紅茶或香檳酒享用。

材料

栗子內餡

栗子泥	200g.
動物鮮奶油	100g.
榛果香甜酒	20g.
栗子(切碎)	100g.
★沙布雷	6公分圓圈6片
★香草蛋糕	6公分圓圈6片
★法式香緹餡	200g.

表面裝飾

無糖栗子泥	300g.
動物鮮奶油	50g.
糖漬栗子	6個

做法

製作法式沙布蕾塔皮
Pâte Sablée

1

請參照P.19做法製作沙布蕾塔皮，以200℃烤焙約20分鐘。取出徹底放涼。裁切成約6公分圓圈狀×6片。

製作香草戚風蛋糕
Vanilla Chiffon Cake

2

請參照P.14香草蛋糕做法製作蛋糕體，以180℃烤約30～35分鐘後，取出倒扣徹底放涼。裁切成約6公分圓圈狀×6片。

製作栗子內餡
Crème au Marron

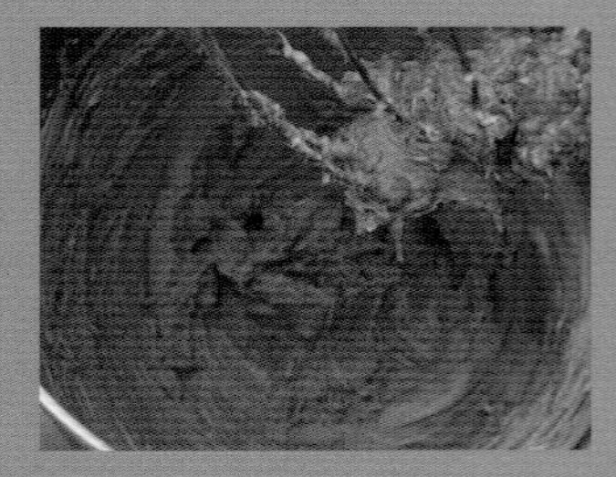

3
栗子泥+鮮奶油一起打發，加入香甜酒。

4
加入切碎的栗子拌勻。

製作香緹餡
La crème Chantilly

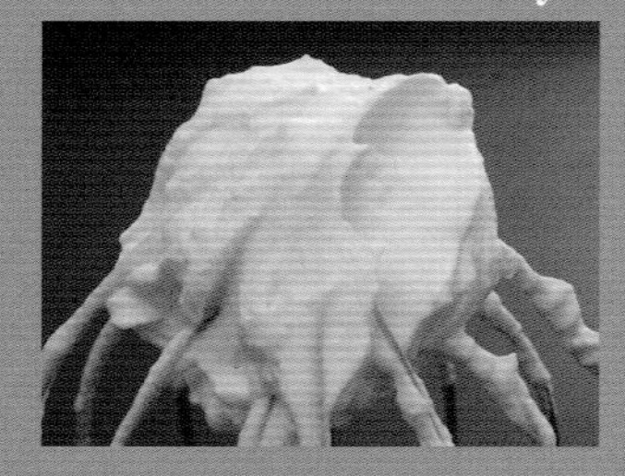

5
參照P.21做法製作製作香緹餡。

表面裝飾
Pour deco

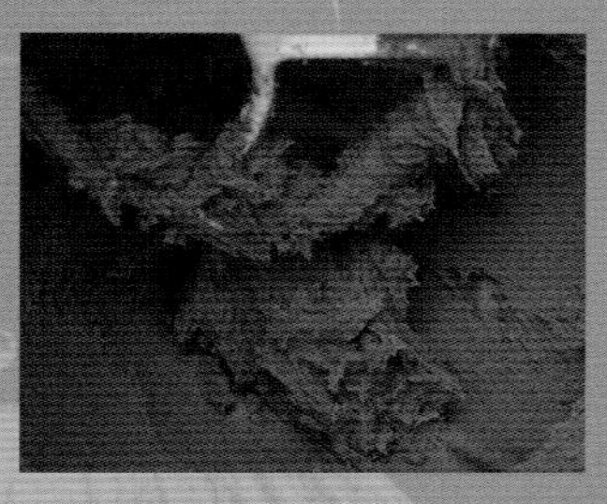

6
將無糖栗子泥+動物鮮奶油打發成融毛狀。

組合Mix

7
取一片事先烤好的沙布蕾放在底部，放入適量的栗子內餡，蓋上一片香草蛋糕。

8
再鋪上栗子內餡，上面擠上香緹餡，加上一顆栗子粒。放入冰箱冷藏1小時。

9
最後以齒狀花嘴擠上表面裝飾即成。

1. 先將所有材料備妥。
2. 第8步驟完成時需放入冷凍約1小時再做最後的裝飾。

關於蒙布朗

國家 法國
製作順序 攪拌→組合→冷藏→裝飾
主原料 栗子泥、栗子粒、香草棒、香甜酒
由來
Mont-Blanc意為白色山丘，音譯即為白朗峰，為阿爾卑斯山的最高峰，終年覆蓋著白雪。此款甜點約出現在十八世紀初，以栗子、香草及蘭姆酒調味，蛋糕表面的細條狀栗子餡有如山坡，頂端技巧性的做出白雪的形狀，最後再撒上糖粉，看來就像白朗峰上的積雪一樣。蒙布朗在日本相當風行，當地也出現南瓜或紫芋等不同口味。

傳統蒙布朗配方

份量：5個

杏仁蛋糕

全蛋	3個
低筋麵粉	40g.
細砂糖	75g.

蛋白餅

蛋白	3個
糖粉	80g.
杏仁粉	70g.
細砂糖	75g.

內餡

無糖栗子	300g.
鮮奶油	100g.
蘭姆酒	50 g.

糖酒水比例
水：糖：酒＝1：2：1

將蛋糕換成戚風蛋糕，口感較鬆軟，並加入沙布雷塔皮增加層次性。

Fraise
草莓蛋糕

如果只看外表，你不會知道我有多少顆溫柔的心，
像草莓一樣嬌豔欲滴；如果只看外表，
你也不會知道我酸酸甜甜的心意難以啟齒。
親手做一個最甜蜜的蛋糕，獻給最愛的人，
打開它，你將看到我的甜蜜芳心。

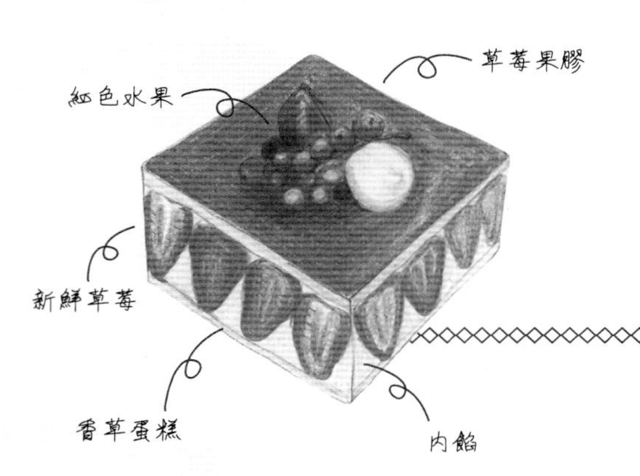

數量 15cm×15cm×2個

溫度與時間 180℃，25分鐘

難易度 ★★★多加練習就能成功！

適合何時吃＆保存多久
放冷凍保存，退冰約2小時後可食用，建議搭配咖啡或熱茶一起享用。

材料

香草戚風蛋糕

奶油	105g.
鮮奶	90g.
低筋麵粉	115g.
蛋黃	130g.
全蛋	2個
蛋白	290g.
塔塔粉	適量
細砂糖	140g.

內餡

奶油起司	130g.
瑪士卡邦起司	100g.
細砂糖	60g.
鮮奶油	450g.
檸檬汁	50g.

裝飾

草莓酒	適量
草莓	適量
草莓果膠	適量

做法

製作香草戚風蛋糕

1
參照P.14做法製作香草蛋糕備用。

製作內餡

Crème au Fromage

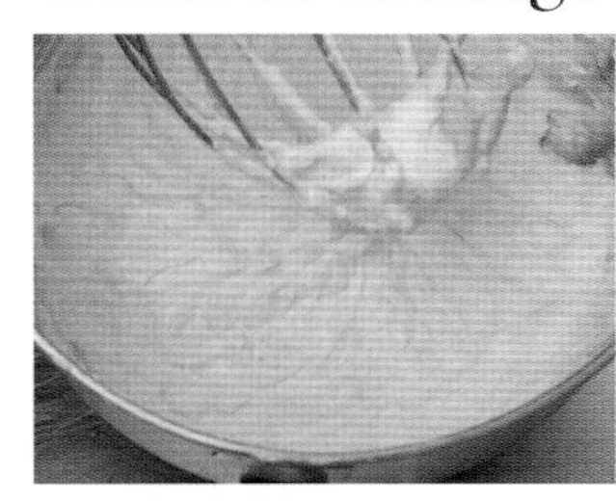

2
奶油起司+瑪士卡邦起司+細砂糖先輕輕拌勻。

3
慢慢加入鮮奶油打至絨毛狀。

4
最後加入檸檬汁拌勻。

組合Mix

5

蛋糕橫切成長15公分×寬15公分×厚2.5公分×2片。先取一片蛋糕塗上少許草莓酒。

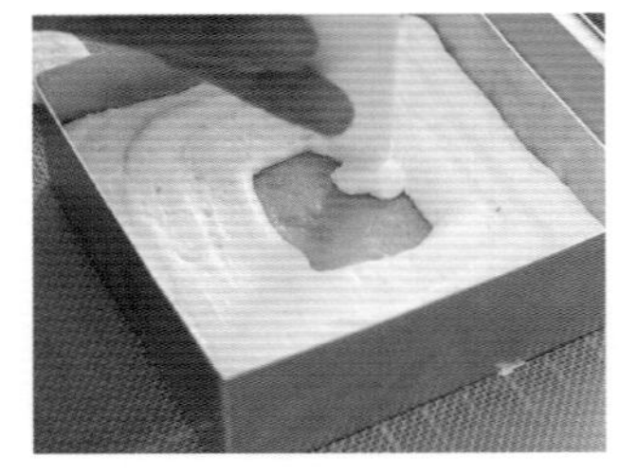

6

套上8吋方形慕斯模，把內餡擠在蛋糕上面。

7

草莓切半，先沿著邊緣擺上。

8

平均的擺滿草莓後，擠入內餡至滿。

9

最後放上一片相同的蛋糕，放入冰箱冷凍約2小時。取出後表面用草莓及果膠做最後裝飾。

Oui, Chef! 重點提示

1. 步驟2的起司類，奶油起司需提前從冰箱取出退冰，而馬式卡邦起司則不可先拿出。
2. 草莓排入蛋糕時，需仔細排列整齊。

關於草莓蛋糕

國家 法國

製作順序 香草蛋糕→內餡→組合

主原料 全蛋、奶油、奶油起司、瑪士卡邦起司、草莓

由來

二十世紀初由法國南部所創造出來，利用杏仁蛋糕加上草莓，表面覆蓋杏仁糖片而成。這款蛋糕的一個重要特色，是將許多草莓藏在一層厚厚的奶油內，從側面看會看到一整排切開的草莓，相當受到年輕女孩的喜愛！

傳統草莓蛋糕配方

8吋×2個

蛋糕體

全蛋	3個
細砂糖	100g.
杏仁粉	100g.
麵粉	30g.
奶油	20g.
蛋白	2個
細砂糖	15g.

內餡

奶油	150g.
杏仁粉	120g.
卡士達餡	130g.
蛋白霜	140g.

- 蛋糕體部分傳統的配方使用杏仁蛋糕口感較紮實，不適合國人口味。這裡改用戚風蛋糕體。
- 在內餡部分，加入奶油起司及瑪士卡邦起司，讓口感更豐富，再用檸檬帶出酸甜味。

au Chocolate

茶et巧克力

以醇厚的東方風味抹茶蛋糕搭配西式的紅茶巧克力慕斯，
裡面還藏著檸檬橘子醬，層層口感堆疊出來的風味，
是東方西方相遇的一刻；將這麼豐富的蛋糕綴飾上點點金箔，
再以金色線條捆綁起來，送給你。

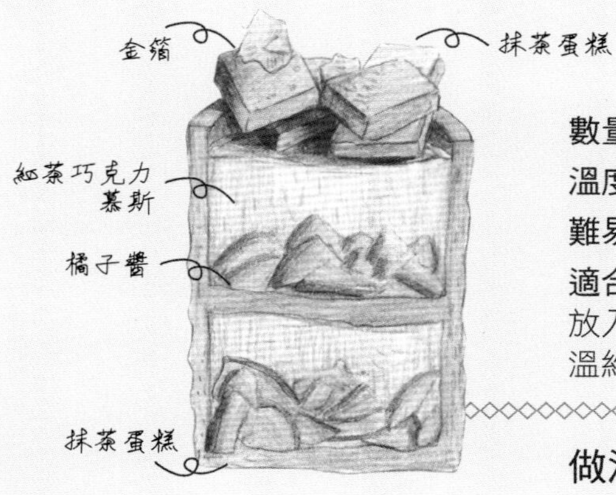

數量 8吋×2個
溫度與時間 180℃，30分鐘
難易度 ★★★多加練習，就能成功！
適合何時吃&保存多久
放入冷凍可保存約一星期，要吃時再回溫約2小時，建議搭配綠茶。

材料

抹茶蛋糕

奶油	75g.
鮮奶	25g.
水	50g.
抹茶粉	15g.
低筋麵粉	100g.
蛋黃	125g.
蛋白	250g.
細砂糖	105g.
塔塔粉	適量

紅茶巧克力慕斯

鮮奶	175g.
蛋黃	50g.
紅茶葉	15g.
牛奶巧克力	100g.
動物鮮奶油	250g.

橘子醬

糖漬橘皮	200g.
檸檬	1/2個
水	50g.
玉米粉	10g.

做法

製作抹茶戚風蛋糕
Matcha Chiffon Cake

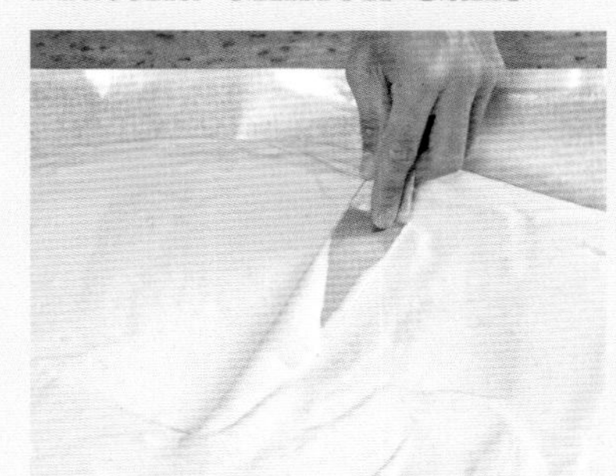

1 請參照P.14香草蛋糕做法製作蛋糕體，將抹茶粉與煮沸的液態拌勻，再加入麵粉拌勻，其他步驟相同。180℃烤約30分鐘後，取出倒扣徹底放涼。

製作紅茶巧克力慕斯
The Noir Mousse an Chocolate

2
蛋黃打散，鮮奶煮沸後離火，加入蛋液中快速拌勻。

3
將紅茶葉以濾包包著放入鮮奶蛋液中，以保鮮膜覆蓋表面。

4
浸泡約3分鐘後濾掉茶渣。

5
以直接加熱方式煮到約80℃，熄火後與巧克力拌勻。

6
待溫度降到約28℃，拌入打發好的鮮奶油。

製作橘子醬
Orange Confiture

7
將檸檬皮刨屑，並壓出檸檬汁後放入鍋內，加入糖漬橘皮。

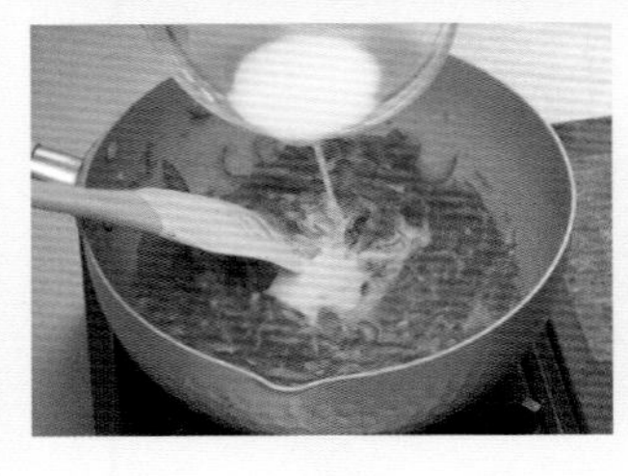

8
玉米粉+水勾芡後倒入，煮到沸騰即成橘子醬。

組合Mix

9

抹茶蛋糕先切成20×10公分長方形，捲入慕斯框內做邊。

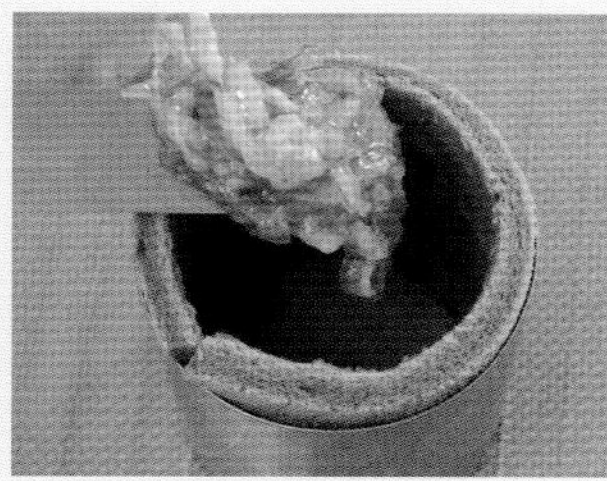

10

再切出2片8吋圓形抹茶蛋糕，先鋪一片放入慕斯圈中為底，放入少許橘子醬抹平底部。

11

擠入慕斯至約1/3處，放上另一片蛋糕後壓平。

12

最後鋪上一層橘子醬，將慕斯擠至離平面約留1公分後抹平，入冰箱冷凍。

13

待凝固後以噴槍加熱外表脫模。並可以小塊抹茶蛋糕及金箔做表面裝飾。

Trate au Citron

檸檬塔

如果你喜歡檸檬滋味，那絕對不能錯過檸檬塔。
這裡使用了黃綠兩種檸檬搭配，不同層次的清新酸味，
襯托出塔類點心的濃厚甜滋味，好吃到讓你忘了減肥大忌！

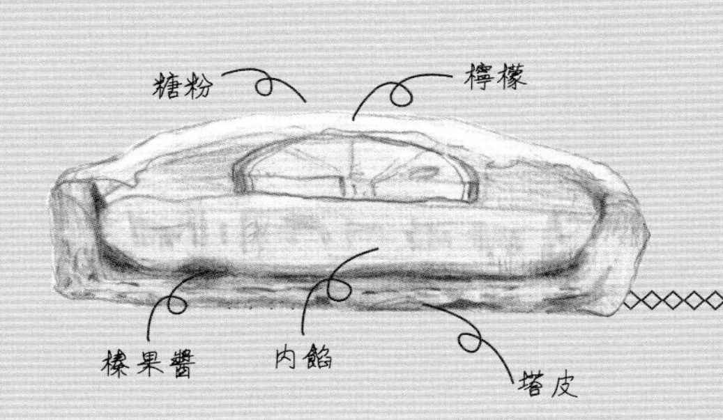

數量 4吋塔模×2個
(或4吋塔模×1個+2吋塔模×2個)

溫度與時間 200℃，20分鐘

難易度 ★★小心製作，不容易失敗！

適合何時吃＆保存多久
放冷藏約可保存3天，吃時需用叉子。建議連塔皮一起食用，可使味道較有層次感。

材料

鹹塔皮Pate brisee

奶油(室溫軟化)	190g.
鹽	5g.
鮮奶	50g.
低筋麵粉	250g.

內餡

細砂糖	150g.
檸檬汁	150g.
萊姆汁	100g.
檸檬皮屑	1個量
全蛋	3個
蛋黃	7個
奶油(切丁)	150g.
榛果醬	100g.

做法

製作鹹塔皮

Pâte Brisee

1

所有材料放入攪拌缸內拌勻成麵糰。

2

將麵糰放入冰箱冷藏2小時，取出後擀壓成約0.5公分的薄度。壓入模型內，鋪上防油紙，壓上重石，即可放入烤箱烤焙。

製作內餡

Crème au Citron

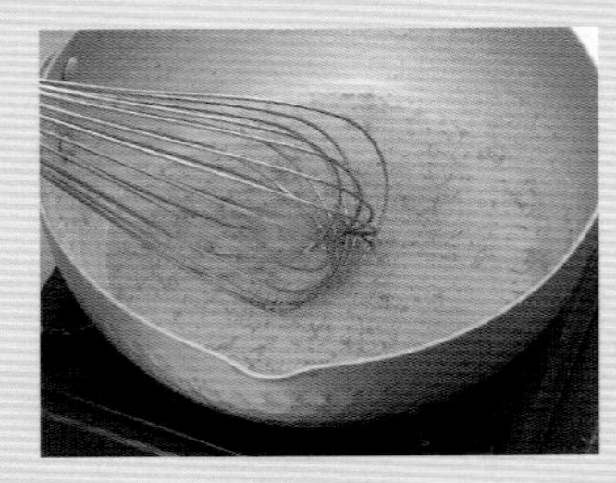

3

細砂糖+檸檬汁+萊姆汁+檸檬皮屑放入鍋內煮到沸騰。

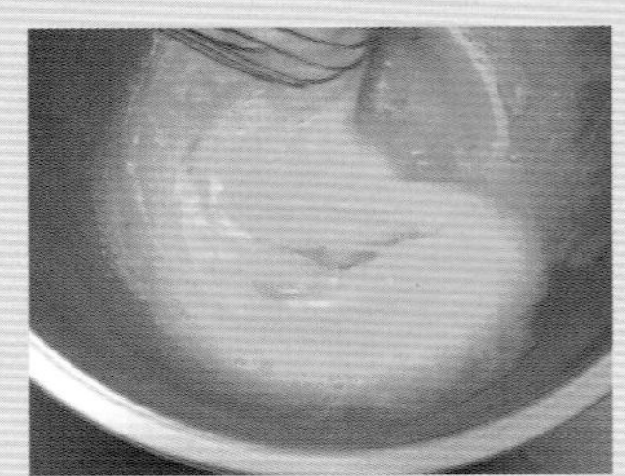

4

另取一鍋，放入全蛋及蛋黃攪散成蛋液。

5

將檸檬汁倒入蛋液內。

6

邊攪拌邊加熱至濃稠後離火。加入切丁的奶油攪散即成。

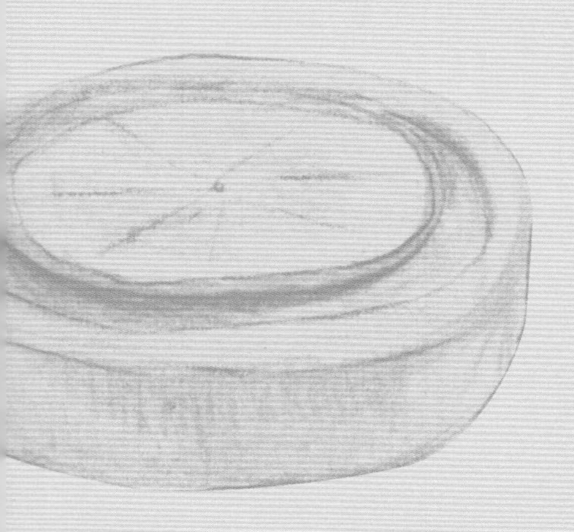

組合Mix

8

烤好的塔皮放涼後，底部先塗上少許榛果醬，再放入檸檬內餡即成。

1. 鹹塔皮的詳細做法請參照P.18。
2. 組合前可將少量的巧克力預先塗在烤好的塔皮內，使塔皮保持酥脆。

關於檸檬塔

國家 法國

製作順序 攪拌→成型→烘烤→填充→裝飾

主原料 奶油、全蛋、麵粉、檸檬

塔VS.派

塔類點心是法式甜點中不可或缺的要角之一，一般而言直角式的外型側邊稱為塔，相對的在美國、斜角式的邊則稱為派。而一般檸檬塔的外表大都以蛋白霜做裝飾，這裡則是以砂糖細細點綴。

傳統檸檬塔配方

份量：4吋塔模×2個

內餡		塔皮	
奶油	125g.	低筋麵粉	250g.
細砂糖	300g.	奶油	150g.
全蛋	4個	糖粉	70g.
玉米粉	適量	杏仁粉	30g.
檸檬汁	3個	全蛋	1個

用兩種檸檬來製作使味道更富層次感；再搭配濃郁榛果醬，是多重味道的享受。

巧克力塔

甜的巧克力擁有魔鬼般的魔力，
是吸引姊姊妹妹的致命武器。
一口又一口濃得化不開的甜蜜滋味，
讓你把淑女形象全拋在腦後。

rte au Chocolate

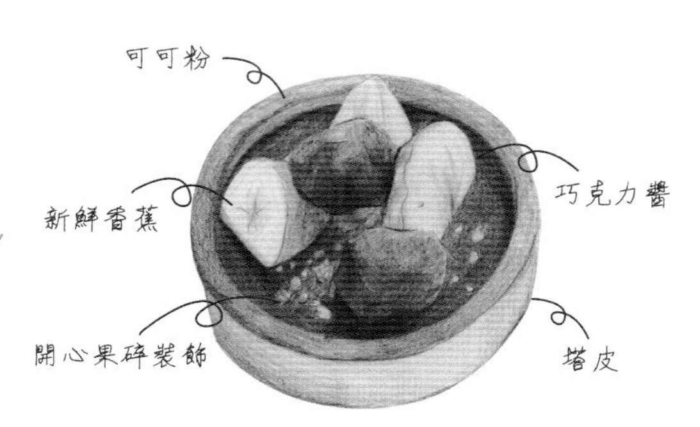

數量 3吋塔模×4個

溫度與時間
180℃，20分鐘

難易度 ★★小心製作，不容易失敗！

適合何時吃&保存多久
可放冷凍保存約1個月，搭配紅酒或香檳一起食用風味更佳。

材料

塔皮

奶油(室溫軟化)	150g.
糖粉	100g.
全蛋	1個
低筋麵粉	260g.
杏仁粉	30g.

巧克力醬

鮮奶油	180g.
奶油(室溫軟化)	75g.
66%巧克力(切碎)	200g.
全熟的香蕉(去皮切小段)	2個

裝飾

巧克力碎片	適量
金箔片	適量

製作甜塔皮
Pâte Sucree

1

請參照P.18做法製作甜塔皮，模型改為3吋模×4，以180℃烤約20分鐘後放涼。

製作巧克力醬
Ganache

2

鮮奶油加熱至80℃，倒入切碎的巧克力中。

3

加入奶油，以均質機攪拌均勻即成巧克力醬。

組合Mix

4

烤好的塔皮放涼後，放入切小段的香蕉，倒入調好的巧克力醬。

5

最後以金箔及巧克力碎片裝飾。

Oui, Chef! 重點提示

1. 塔皮攪拌時不可過度，成糰即可。
2. 塔皮擀壓時需注意厚薄度，正常厚度約為0.5cm。

關於巧克力塔

國家 法國
製作順序 攪拌→烘烤→填充→裝飾
主原料 麵粉、全蛋、杏仁粉、巧克力
由來
此款點心約出現在十九世紀，是熟皮熟餡的經典款之一。在早期製作時，屬於高度較低的薄塔，二十世紀後才被調整為高度約4cm左右。內餡部分可隨自己喜好做適當調整，也可加入些許水果酒或是堅果類來提味。

傳統
巧克力塔配方

份量：8吋塔模×1個

塔皮	1個
巧克力	200g.
鮮奶油	200g.
可可粉	適量

把台灣特有的香蕉與巧克力搭配，讓味道更豐富。

法式布丁塔

厚實濃郁塔皮加上滑不溜丟的布丁口感，

是喜歡布丁、塔類的人不可錯過的美味。

適合和三五好友一同品嘗，用法式布丁塔為女孩們的友誼，乾杯！

Tarte au

數量 6吋塔模×1個

溫度與時間
塔皮200℃，10分鐘
塔皮+內餡230℃，10分鐘

難易度 ★★小心製作，不容易失敗！

適合何時吃&保存多久
放冷藏約可保存4天，由於是布丁的成分，可當做早餐食用。

材料

塔皮

奶油	150g.
糖粉	70g.
全蛋	1個
低筋麵粉	260g.
杏仁粉	30g.

內餡

香草棒	1/2支
動物性鮮奶油	200g.
鮮奶	300g.
細砂糖	25g.
蛋黃	10g.
卡士達粉	35g.
櫻桃酒	50g.
櫻桃	10顆

製作甜塔皮

Pate sucree

1

請參照P.18做法製作甜塔皮，模型改為6吋模×1，以200℃，烤約10分鐘至半熟，先取出。

製作內餡

Crème au Citron

2

香草棒對切，取出香草籽，連同香草豆莢+鮮奶油+鮮奶+細砂糖煮沸離火。

3

先取少許煮好的鮮奶液，與蛋黃+卡士達粉拌勻。再一起拌回鮮奶液中，回到瓦斯爐煮至沸騰。

4

取出香草豆莢丟棄，加入櫻桃酒和櫻桃，拌勻即為內餡。倒入塔皮中，放入烤箱繼續以230℃烤焙約10分鐘即成。

5

待冷卻後，表面裝飾糖粉。

Oui, Chef! 重點提示

1. 由於餡料是熟的，所以塔皮不宜用生塔皮，可先以200℃，烤約10分鐘至半熟，再倒入煮好的內餡。
2. 煮內餡的過程中， 需要不斷的攪拌，不要使鍋底焦黑。
3. 食用前可放入冰箱冷凍約30分鐘，口感會更細緻。

關於
法式布丁塔

國家 法國
製作順序 塔皮→烤焙→麵糊 →烤焙完成
主原料 全蛋、鮮奶、麵粉、卡士達粉
由來
相傳約在十五世紀出自宮廷的點心，將蜂蜜加入鮮奶及全蛋攪拌，再放在塔皮上烤焙，而到了十八世紀才在配方中加入澱粉，使口感有相當大的不同。

傳統法式
布丁塔配方

份量：8吋塔模×1個

內餡

鮮奶	500g.
全蛋	2個
細砂糖	80g.
玉米粉	50g.
香草醬	適量
香草糖	適量

改良後的配方在糖度方面減少約20%，並加入櫻桃酒提味。

Tarte au Flan

COOK50107

法式烘焙時尚甜點

經典VS.主廚的獨家更好吃配方

國家圖書館出版品預行編目資料
法式烘焙時尚甜點：
經典VS.主廚的獨家更好吃配方／
郭建昌Enzo 著.一初版一台北市：
朱雀文化，2010〔民99〕
面； 公分，--（Cook50；107）
ISBN 978-986-6780-68-4 （平裝）
427.16 99007209

出版登記北市業字第1403號

作者■郭建昌Enzo
攝影■子宇影像
執行編輯■馬格麗
美術設計■鄭雅惠
插圖繪製■潘純靈
文字校對■呂瑞芸
行銷企劃■林孟琦
企劃統籌■李橘
總編輯■莫少閒
出版者■朱雀文化事業有限公司
地址■台北市基隆路二段13-1號3樓
電話■(02)2345-3868
傳真■(02)2345-3828
劃撥帳號■19234566 朱雀文化事業有限公司
e-mail■redbook@ms26.hinet.net
網址■http://redbook.com.tw
總經銷■大和書報圖書股份有限公司 （02）8990-2588
ISBN13碼■978-986-6780-68-4
初版七刷■2015.03
定價■350元
出版登記■北市業字第1403號